공부만 잘하는
아이는
AI로
대체됩니다

챗GPT 시대, 내 아이를 대체 불가한
미래형 인재로 키우는 특급 커리큘럼

공부만 잘하는 아이는 AI로 대체됩니다

· 안재현(Sam Ahn) 지음 ·

카시오페아
Cassiopeia

만약 당신이 미래에서 왔다면
아이에게 어떤 교육을 시킬 것인가

2022년 커다란 인기를 얻었던 드라마 〈재벌집 막내아들〉을 기억하는가? 이 드라마에서 주인공 진도준(송준기 역)은 과거로 돌아가, 흥행을 장담할 수 없는 영화 〈타이타닉〉에 투자하고 훗날 아마존으로 성장하게 되는 작은 인터넷 서점 '코다브라'의 주식을 매수한다. 또한, 한국 경제가 승승장구할 때 원화를 달러로 전환해 외환 위기에 대비했으며, 상암동 디지털미디어시티를 모티브로 한 '새서울타운'을 만드는 데도 참여한다. 그가 이렇게 행동할 수 있었던 이유는 많은 사람이 과거에 예측하지 못했거나 일어날 수 없다고 확신했던 일들에 대해 미래에서 온 그는 이미 그 결과를 알고 있었기 때문이다. 앞으로의 판세를 내다보고 있었던 그는 다가올 변화에 선제적으로 대응함으로써 위기를 기회로 전환시켰다.

이 드라마를 보면서 나는 교육계에 몸담은 사람이자 아이를 키우는 부모로서 자연스레 '내가 만일 진도준 같은 능력을 가졌다면?' 하고 상상하게 됐다. 만약 내가 미래를 이미 경험해보고 현재로 다시 회귀했다면, 나는 우리 아이에게 어떤 교육을 시킬 것인가? 그때의 교육은 과연 우리가 지금 아이들에게 하고 있는 교육과 같을 수 있을까? 나는 이러한 상상을 이 책을 보고 있는 독자들도 해봤으면 좋겠다. 이와 같은 질문을 던지고 생각해봄으로써 우리는 교육에 대한 관점을 획기적으로 변화시킬 수 있다.

요즘 학부모들이 가장 선호하는 직업은 의사라고 한다. 가령, 대기업과의 연계로 졸업 후 취업이 보장되는 상위권 이공계 학과에 합격하고서도 의대나 치대, 약학대 등에 지원하려고 등록을 포기하는 학생들이 증가하는 추세다. 이는 의약계열 선호의 흐름을 반영하는 대표적인 현상 중 하나다. 이와 같은 의대 열풍의 가장 큰 이유는 의료인이 경제적으로나 사회적으로 직업 안정성이 크다는 생각 때문이다. 하지만 현재 초등학생인 우리 아이가 20년 후에 의사가 됐다고 생각해보자. 과연 20년 뒤에도 의사라는 직업이 오늘날 의사가 가지고 있는 사회적 가치를 점유하고 있을까? 그때도 의사는 여전히 많은 사람이 선망하는 직업으로 남아 있을까? 물론 아픈 사람을 치료하는 것이 소임인 의사는 시대가 변화한다고 해도 언제나 필요한 직업임이 틀림없다. 고령화가 날이 갈수록 빠르게 진행되고 있는 우리 사회에서 의학 기술은 필수 불가결한 기술이기도 하다. 한편, 이제 이미 웨어러블 Wearable 기술을 통해 일상에서 다양한 방식으로 착용 및 사용이 가능한 의료기기들이 개발되어 각종 질병들을 예방할 수 있는 시대에 접어들었다. 또한, AI가 유전 정보 데이터를 이용해 우리 몸의 질환을 사전에 진단하고 처방할 수 있기도 하다. 로봇 수술도 특정 분야에서는 이미 도입되어 진행 중이며 이는 앞으로 더욱 확산할 것이다. 이러한 추세가 계속 이어진다면 미래에 의사가 여전히 동경받는 직업으로 여겨진다 하더라도 의사가 하는 일이 지금과 비슷할지는 장담할 수 없다. 즉, 그때가 되면 의사가 되기 위해 필요한 기술이나 능력이 지금 요구되는 것과 매우 다를 가능성도 있다.

다시 앞에서 던졌던 질문으로 되돌아가보자. 만약 당신이 드라마의 주인공처럼 미래에서 왔다면, 당신은 당신의 자녀를 앞으로 어떻게 키울 것인가? 분명 지금과는 다른 방식으로 키울 수밖에 없을 것이다. 사실 미래에서 현재로 회귀한다는 것은 시나리오속 가정적인 상황이다. 현실에서 이런 일이 일어날 수는 없다. 따라서 우리는 진도준과 달리 한 치 앞의 미래도 알지 못한다. 하지만 오늘날의 흐름을 보면 세상이 빠르게 변하고 있는 것은 누구나 인정할 수밖에 없는 사실이다. 오직 인간만이 가능한 영역이라고 생각되었던, 창의력이 필요한 예술 같은 분야마저 이미 AI 기술이 침투해 큰 영향력을 미치기 시작한 상황이다. 가령, 원하는 화풍과 몇 가지 키워드만 넣으면 이를 구현한 회화 이미지가 단 몇 분 만에 뚝딱 만들어지는 세상이 됐다. 심지어 캐릭터의 유형과 동작, 장면에 대해 묘사한 프롬프트를 입력하면 그것을 바탕으로 동영상을 제작할 수 있는 AI 시스템까지 개발된 상태다. 4차 산업혁명의 시대에 이와 같은 AI 기술은 앞으로 더욱 발달할 것이다. 이런 시대에 특정 직업을 얻는 것을 목표로 부모나 선생님이 시키는 공부만 성실히 잘해내고, 선행 학습과 반복된 암기를 통해 시험 점수를 잘 받는 것이 과연 어떤 의미가 있을까? 미래에 이런 식으로 공부를 잘하는 아이는 과연 인재라고 불릴 수 있을까?

나는 한국에서 태어나 초등학교 시절 미국으로 이민을 갔다. 이후 미국의 공교육 시스템을 거쳐 2010년부터 아이비리그 대학이자 미국 최고 인기 대학 중 하나인 컬럼비아대에서 교육 공학으로 석·박사 과정을 시작했다. 그 과정에서 미래의 인재가 될 아이들은 어떤 교육을 받아야 하는지를 나의 학문 주제로 삼고 그에 관한 답을 고민하는 시간들을 거쳤다. 졸업 후에는 전공을 살려 미국과 중국, 한국의 다양한 교육 시스템을 살펴보고 교육 컨설턴트로서 실제 교육 현장에서 내가 그동안 배우고 연구한 내용들을 적용해왔다. 이 책은 바로 그러한 고민과 그동안의 경험을 바탕으로 한 결과물이다.

아무도 알 수 없는 미래를 살아가게 될 아이들

2016년 세계경제포럼World Economic Forum, WEF이 발표한 '미래 직업 리포트'에 따르면 보고서가 작성될 당시 초등학생이었던 아이들이 이후 사회로 진출해 직업을 가지게 되었을 때, 자신들이 초등학생일 때는 존재하지 않았던 직업을 가질 확률은 무려 65%에 달했다. 굉장히 놀라운 수치가 아닐 수 없다. 하지만 이 발표 이후 지구상에서 벌어진 수많은 변화를 떠올리면 터무니없다고 여겨지는 수치도 아니다. 가령, 비슷한 시기에 일론 머스크의 스페이스 XSpace X는 우주 로켓을 발사하는 과정에서 일부 로켓을 재활용하는 혁신적인 첫 성공을 이루어냈다. 민간 우주 기업인 스페이스 X는 지금까지 300회가 넘는 로켓 발사와 우주 미션을 성공시켰으며, 동종업계의 다른 기업들과 함께 우주여행 개막식을 올리기도 했다. 처음에는 모두가 불가능한 일이라고 생각했던, 화성에 인류 정착지를 개발하겠다는 일론 머스크의 말이 이제 곧 현실이 될 날이 머지않은 것이다. 대한민국 정부 역시 2032년에는 달 착륙을, 2045년에는 화성 지질조사에 성공하는 것을 중장기 우주 전략으로 선포했다.

급속한 변화는 실물경제의 영역에서도 이루어지는 중이다. 2009년 처음 만들어지고 2016년 무렵부터 조금씩 세간의 관심을 끌던 비트코인을 비롯한 가상화폐도 이제는 많은 사람이 주목하고 투자할 만큼 성장세를 이루었다. 비트코인은 블록체인이라는 기술이 실현된 암호화폐로, 블록체인Blockchain은 가상화폐로 거래할 때 생길 수 있는 해킹을 막는 데이터 위·변조 방지 기술이다. 이 기술은 모든 거래 정보를 네트워크 참여자 전체와 공유하는 분산 원장 기술Distributed Ledger Technology, DLT의 한 형태로서, 데이터의 투명성과 보안성을 대폭 강화한다. 또한, 스마트 계약Smart Contracts 기능을 통해 계약 이행이 자동화되어, 금융, 부동산, 법률 등 다양한 분야에서 혁신적인 변화를 촉진하고 있다. 인간 삶의 많은 부분이 가상의 온라인 공간에서 구현되는 시대에 문서나 데이터의 진위 여부는 무척 중요하다. 이러한 맥락에서 블록체인 기술은 가상화폐뿐만 아니라 앞으로 산업 전반에 걸쳐 큰 영향을 미치는 기술로 작용하리라고 전망된다.

그뿐만이 아니다. 자율주행 자동차가 도로를 달리고, 드론이 하늘을 날며 다양한 임무를 수행하고, 빅데이터를 바탕으로 AI가 여러 산업 분야에서 중요한 판단을 내리는 시대가 됐다. 얼마 전 중국에서는 유전자의 특정 부위를 절단해 유전체 교정을 가능하게 하는 기술Clustered Regularly Interspaced Short Palindromic Repeats, CRISPR을 사용해 후천성면역결핍증후군을 앓는 부모로부터 해당 유전자를 물려받지 않아 해당 질환을 겪지 않는 아이가 태어나는 일도 있었다. 그뿐만이 아니다. 일론 머스크가 설립한 신경과학 스타트업인 뉴럴링크Neuralink는 최근 사지가 마비된 환자의 두뇌에 컴퓨터 칩을 이식해 생각만으로 컴퓨터를 조정할 수 있게 만들었다고 발표하기도 했다.

2020년 초부터 시작된 코로나 팬데믹은 이와 같은 과학기술, 정보통신 기술 등의 변화에 가속도를 더했다. 바이러스의 전파를 방지하기 위해 수많은 서비스가 비대면 방식으로 바뀌게 됨에 따라 온라인 기반 시스템이 한층 더 강화되었으며, 이와 관련된 플랫폼 기업들은 커다란 수익과 시장 점유의 기회를 얻게 됐다. 간단하게는 음식 주문에서부터 학교 수업, 회사 업무 등의 영역에서 온라인화가 이루어졌음은 이미 모두가 경험한 사실이다. 즉, 세계경제포럼이 7년여 전 예측한 대로 불과 몇 년 전에는 존재하지 않았던 직업들이 새롭게 만들어지고 있으며, 이런 시대의 흐름과 벗어나는 직업이나 산업 영역들은 빠르게 그 자리를 잃어가고 있는 중이다.

나는 현재 미국에서 급격한 변화를 맞이하고 있는 미래 시대에 걸맞은 교육 커리큘럼을 개발하며 불확실성의 시대를 살아나가야 하는 다양한 국적의 어린이들을 가르치고 있는 중이다. 그 일환 중 하나로 지난 2023년 2월 한국에서 학부모를 위한 챗GPT 워크숍을 진행했었다. 챗GPT는 오픈에이아이^{OpenAI}가 개발한 생성형 AI 기반 대화형 챗봇으로 내가 워크숍을 진행할 당시에는 초기 버전의 베타 서비스가 처음 실시된 지 몇 달 지나지 않은 시점이었다. 당시 워크숍에 참석한 학부모님들은 내가 입력한 프롬프트에 따라 챗GPT가 에세이, 시, K-팝 가사를 순식간에 만들어 내는 모습을 보자 놀라움을 금치 못하며 그 능력에 감탄했다.

그로부터 불과 1년 후, 챗GPT는 GPT-4의 형태로 업그레이드되어 교육 산업에 커다란 영향을 미치게 됐다. 현재 글로벌 기업 구글에서 출시된 제미나이^{Gemini}를 비롯해 수많은 생성형 AI 애플리케이션들이 모든 산업 분야에서 무서운 속도로 혁신을 불러오고 있는 중이다. 챗GPT의 사례에서도 알 수 있듯이 미래는 AI의 시대다. 우리 부모 세대가 아날로그 기술에서 디지털 세계로의 이동을 경험한 디지털 이민자^{Digital Immigrant}라면 요즘 아이들은 태어날 때부터 디지털 세상을 살아가게 된 디지털 네이티브^{Digital} ^{Native}다. 디지털 이민자인 부모 세대들이 새로운 시대의 흐름을 배우고 받아들일 생각은 하지 않고, 자신들이 성장할 때의 기억만 가지고 우리 시대에 가치 있다고 여겨졌던 생각들을 아이들에게 강요하기만 한다면, 그런 부모 밑에서 성장한 아이들의 경쟁력은 디지털 시대에 무척 약화될 것이다.

●

변화한 시대는
새로운 인재를 원한다

4차 산업혁명 시대가 본격적으로 개막됨에 따라 사회가 요구하는 글로벌 리더의 조건도 바뀌고 있다. AI와 자동화 시스템이 일상화된 세상은 컴퓨터와 AI로는 대체 불가능한 인재를 원할 수밖에 없다. 암기를 잘하고, 주어진 범위 내에서 출제된 시험을 잘 보며, 시키는 일을 성실하게 잘하는 능력은 이미 컴퓨터 기술이 인간의 능력을 능가한 지 오래 됐다. 또한, 정보통신의 발달로 시간과 공간의 제약 없이 배우고자 하는 열의와 관심만 있다면 온라인 공개 수업^{Massive Open Online Course, MOOC}를 통해 해외 유학을 가지 않고도 하버드, MIT 등 최고 수준의 글로벌 대학의 수업을 누구나 들을 수 있게 됐다.

　이러한 변화들은 모두에게 공평한 교육의 기회를 주기도 하지만, 관점을 조금만 달리하면 오히려 교육의 격차가 더욱 벌어질 수 있음도 시사한다. 발전된 기술을 잘 활용하는 사람들은 이러한 기술들을 통해 시공간이나 비용의 제약 없이 자신의 능력을 펼칠 장을 만날 수 있다. 하지만 이러한 기술들을 활용할 줄 모르는 사람들에게는 그저 꿈같은 이야기에 불과하다. 한 가지 다행스러운 것은 지금 당장은 비록 다양한 배움의 기회를 제공하는 신기술이나 새로운 매체에 대한 지식이 없다 하더라도, 그것이 왜 중요한지 깨우치고, '나도 배워보고 싶다' 하는 동기부여만 된다면 거기에서부터 가능성이 열릴 수 있다는 사실이다. 인터넷상에는 챗GPT를 비롯해 신기술과 관련된 지식을 배울 수 있는 방법이 무척 많기 때문이다.

　각각 열한 살, 여덟 살, 두 살인 아들 셋을 키우고 있는 아빠이자 미래 교육을 설계하는 교육 컨설턴트로서 나는 어떤 식으로 교육을 해야 다가올 미래를 효과적으로 대비할 수 있을지에 대해 매일 끊임없이 고민한다. 지금으로부터 29년 전인 1995년 2월, 미국의 유명 주간지 〈뉴스위크〉에는 다음과 같은 헤드라인을 단 기사 하나가 실렸다. 'The Internet? Bah!(인터넷이라고? 저런!)' 제목 그대로 인터넷의 미래 가능성을 비판한 기사였다. 이 기사는 누가 과연 인터넷상에서 신용카드 개인정보를 저장해 결제를 할지, 누가 과연 전화나 팩스가 아닌 이메일을 사용할지, 누가 과연 전자책을 읽을 것인지 대해 확신에 찬 시선으로 의문을 던졌다.

하지만 이제 세상이 어떻게 바뀌었는지는 모두가 잘 알지 않는가? 당시 대다수의 사람이 앞으로는 인터넷과 온라인에 기반한 생활양식으로 변화할 것이라는 말에 코웃음을 쳤다. 하지만 아마존의 창업자 제프 베이조스 같은 인물은 시대의 흐름을 잘 꿰뚫고 월스트리트를 퇴사한 후 온라인 서점을 설립했다. 오늘날 시가총액 2,500조 원이 넘으며 전 세계의 수많은 기업이 그 성공 사례를 벤치마킹하는 제프 베이조스의 아마존과 같은 경우처럼 성공은 언제나 변화의 조짐을 한 발 앞서 알아차리고 그 변화의 흐름에 올라타 적응하는 자들에게 주어지는 열매다. 모든 것이 빠른 속도로 변화하여 한 치 앞도 내다보기 어려운 불확실성의 시대에는 변화에 선제적으로 대응하고 적응할 줄 아는 것이 성공, 아니 생존을 위해 필수 불가결한 능력이다.

나는 앞으로의 교육이 이러한 능력을 길러주는 방향으로 바뀌어야 한다고 생각한다. 남들이 한다고 해서, 또 지금 그것이 트렌드라고 해서 불안에 쫓기며 코딩 학원을 보내고, 영어나 수학 선행을 아무리 시킨다고 한들 변화하는 세상의 흐름을 읽지 못하고 교육에 대한 비전 없이 그저 사교육 시스템에 아이를 집어넣기만

한다면, 그렇게 공부의 기술을 배운 아이가 다가올 미래를 살아갈 경쟁력을 갖추기란 어려운 일이다.

나는 미국 아이비리그 입시 전문가로서 지금까지 수많은 유형의 학생을 보아왔다. 그중에는 굉장히 우수하고 명민한 학생들도 많았지만, 어렵사리 명문대를 입학하고 졸업해 사회에 나갔음에도 불구하고 토론이나 회의를 하는 자리에서 자기 의견을 제대로 표현할 줄 모르는 학생들도 적지 않았다. 회사가 원하는 창의적인 아이디어를 생각해내지 못해 사회생활에 큰 어려움을 겪어 고충을 토로하는 학생들도 자주 만난다. 학창 시절에는 모범생, 우수 학생이라는 소리를 들어가며 남부럽지 않은 성적을 올리던 학생들이 사회에 나와서는 커다란 벽에 부딪혀 자아실현과 능력 발휘를 제대로 하지 못하는 모습을 보면서 나는 우리 아이들은 다른 방식으로 키워야겠다고 늘 다짐한다.

나는 나의 자녀들과 내가 가르치는 학생들이 지금 당장의 성적에 목을 매는 것이 아니라 예측할 수 없는 앞으로의 미래를 독립적이고 자기주도적으로 당당하게 개척하며 살아갈 수 있으면 좋겠다. 오늘날 우리 아이들이 배워야 할 것은 영어 단어 하나, 수학 공식 하나를 더 잘 외우는 방법이 아니다. 이러한 지식은 삶을 잘 살아나가기 위해 필요한 단편적인 지식에 불과하다고 여겨진다. 다가올 미래 사회는 기술이 눈부시게 발달한 시대이기도 하겠지만, 그로 인한 반대급부로 다양한 문제들이 공존하는 시대이기도 하다. 기후 위기와 같은 환경 문제, 저출생·고령화 같은 사회적 문제 등이 그것이다. 미래 사회가 원하는 인재는 이러한 문제들을 창의적이고 윤리적인 방식으로 해결해낼 수 있는 지식과 관점을 지닌 사람이다.

우리 아이들의 배움의 목적이 그저 명문대 합격, 대기업 취업 등에 머무르는 모습은 참으로 안타깝다. 배움은 평생 지속되어야 하는 끝없는 과정이다. 그리고 학생 시절에 습득한 진실한 배움의 태도는 어른이 되어서도 변화하는 흐름에 유연한 인간으로 살아가게 하는 원동력으로 작용한다. 이 책에 담은 나의 경험과 생각들이 독자분들에게 교육을 바라보는 새롭고 유연한 시선을 가져다줄 수 있다면 저자로서 그것만 한 기쁨이 없을 것이다.

2024년 봄

안재현

차례

2부　우리 아이를 미래 인재로 키우는 커리큘럼

4장 | 체인지 메이커를 만드는 5가지 방법

5장 | 집에서도 쉽게 할 수 있는 실전 AI 커리큘럼

에필로그

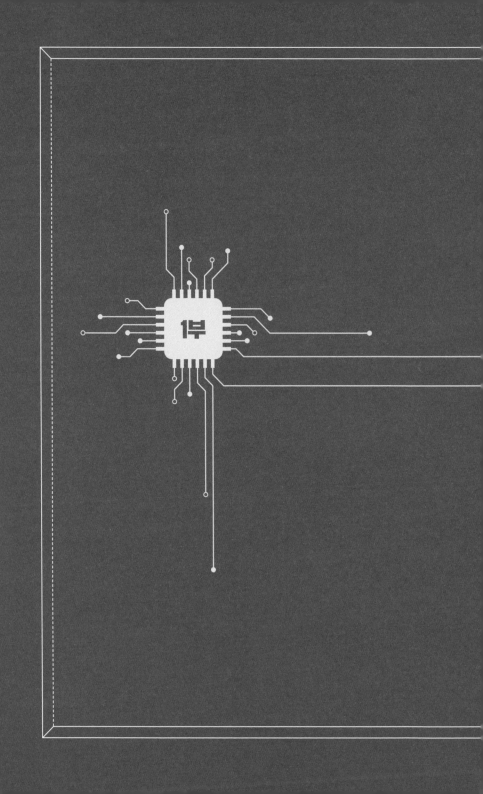

1부

글로벌 교육의
트렌드가 바뀌고 있다

○

○

●

일상적으로 대다수의 학생은 당장 눈앞의 현재에 몰두하는 삶을 산다. 가령, 학교나 학원에서 내준 오늘 치의 숙제를 하거나 곧 다가올 시험을 잘 보기 위해 공부하는 식이다. 눈앞의 해야 할 일에 급급한 삶을 사는 것은 어른들도 마찬가지다. 예를 들어 어린 자녀를 키우는 부모라면 당장의 육아 전쟁에 모든 시간과 에너지를 빼앗기는 것이 현실이다. 이처럼 내 눈앞에 닥친 현재의 즉각적인 과제를 중요하게 생각하고 그것을 위해 힘을 쏟는 것은 당연하다. 왜냐하면 이러한 일들이 앞으로 다가올 미래의 성공 여부를 결정하는 요소들로 보이기 때문이다. 자녀교육에서는 특히 더 그렇다.

그러나 단기적인 시선에만 머무르지 말고 꼭 기억해야 할 것이 있다. 바로 오늘날 우리는 급속한 변화와 혁명적인 기술의 발전이 지배하는 세상 그리고 지속 가능한 개발이 절실한 세상에 살고 있다는 사실이다. 프롤로그에서도 언급했지만 우리 아이들은 생성형 AI가 사회 전반의 기초를 다시 쓰고 있는 시대에 태어났다.

이러한 시대에 생존하기 위해서는 우리에게 닥친 변화의 복잡성을 기꺼이 탐험하면서 우리가 오늘 내린 선택이 내일 우리의 삶에 얼마나 커다란 영향을 미칠지 이해하는 것이 필수적이다. 물론 과학기술이 획기적으로 발달하고 신기술이 우리의 삶을 혁신적으로 바꿔놓는 시대라고 할지라도 학업을 비롯해 생활 전반에서 성실하고 진실한 태도를 갖는 것은 여전히 중요한 미덕으로 작용할 것이다. 하지만 그러한 인격적 자질만으로는 변화한 시대에 걸맞은 인재가 되기에 부족하다. 그렇다면 미래형 인재가 되기 위해서는 어떤 자질들이 필요할까?

여러 자질이 있겠지만 다수의 교육 전문가가 공통적으로 언급하는, 미래형 인재가 되기 위한 조건들이 있다. 그중 대표적인 것은 흔히 '6C'라고 일컬어지는 미래 역량으로 의사소통Communication, 협력Collaboration, 비판적 사고Critical Thinking, 창의력Creativity, 시민 의식Citizenship, 인성Character이 바로 그것이다. 이와 같은 소프트 스킬Soft Skill(소위 '스펙'이라고 불리는 하드 스킬Hard Skill과 대비되는 역량으로 정량적으로 그 능력을 측정할 수는 없지만, 직무 등을 수행하는 데 필요한 정성적 역량)은 기계와는 구별되는 인간만의 고유한 능력으로 자동화 시스템이나 AI가 게임의 규칙을 다시 쓰는 세상에서 우리 아이들이 적응하고, 리드하고, 새로운 아이디어를 창조해내는 데 바탕이 되는 자질이다. 즉, 미래형 인재를 키우는 교육은 이와 같은 소프트 스킬을 최대한 길러줄 수 있는 방향으로 설계되어야 한다.

모든 부모는 자녀의 어린 시절을 소중하게 생각한다. 눈에 넣어도 아프지 않은 자녀들에게 우리가 남겨줘야 하는 것은 과연 무엇일까? 1부에서는 지난 수년간 교육 컨설턴트로서 일하며 경험한 내용들을 바탕으로 글로벌 교육 트렌드를 선도하는 미국 아이비리그에서 원하는 인재상이 어떻게 바뀌고 있는지, 그러한 변화에 발맞추려면 오늘날 대한민국의 교육은 어떻게 바뀌어야 하는지 등을 짚어보고자 한다.

1장

하버드는 모범생을
원하지 않는다

SAT 만점자도 입학할 수 없는
하버드

"나 일곱 살 때부터 1년 365일 단 하루도 쉬지 않고 공부했어. 내가 아파도, 다쳐도, 쓰러져도 나 새벽 두 시까지 학원으로 내몰았잖아. 나 1등 못하면 밥 먹을 자격도 없다고 했어 안 했어? (…) 서울의대 합격증 줬잖아! 그게 소원이라며. 이제부터 내 인생 살 거야. 내가 살고 싶은 내 인생"

2018~2019년 엄청난 인기를 휩쓸었던 드라마 〈SKY 캐슬〉에 나오는 대사 중 일부다. 이 드라마는 대한민국 상위 0.1%가 모여 사는 SKY 캐슬 안에서 자식을 최고의 대학에 보내기 위해 치열

하게 정보를 수집하고 분투하는 부모들의 이야기다. 드라마의 도입부는 서울대 의대에 합격한 영재와 영재보다도 훨씬 더 고생한 영재 엄마를 위한 축하 파티로 시작한다. 명목은 서울대 의대 합격을 축하하는 자리였지만 이곳에 모인 부모들의 속셈은 다른 데 있었다. 바로 서울대 의대에 합격한 영재의 포트폴리오를 얻는 것이었다. 파티에 참석한 부모들 사이에는 영재를 서울대 의대에 합격시킨 완벽한 포트폴리오를 얻기 위한 보이지 않는 경쟁이 펼쳐진다.

하지만 엄마의 주도면밀한 계획 아래 시키는 대로 공부만 열심히 하며 서울대 의대에 합격한 영재는 행복하지 않았다. 앞에서 언급한 대사는 영재가 대학 합격 후 엄마와 다투며 내뱉은 말들이다. 1등을 하지 못하면 밥 먹을 자격도 없다고 말하고, 성적이 떨어지면 집에서 나가라고까지 한 엄마를 원망하면서 영재는 엄마 아빠가 바라던 서울대 의대 합격증을 줬으니 이제부터는 자신이 살고 싶은 인생을 살겠다고 절규한다. 영재의 마지막 대사는 정말 처절하다. "분명한 건, 의대는 엄마 아빠가 원했던 거지, 내가 원했던 게 아니라는 거야. 더 확실한 건 더 이상 엄마 아빠 아들로 살고 싶지 않다는 거고!" 명문대 합격증을 손에 쥐었지만 부모의 기대에 부응하기 위해 원치 않는 공부에 몰두해야 했던 한 청소년의 절규는 비록 드라마 속 대사이나 그저 픽션이라고만 치부할 수 없다. 지금도 대한민국 어딘가에는 영재와 같은 아이들이 분명 존재할 것이다.

현실 세계의 모습도 SKY 캐슬의 축하 파티 장면과 그리 다르지 않다. 자녀를 명문대에 보내고자 하는 학부모들은 앞에서 언급한 것처럼 탁월한 스펙을 가진 학생이 어떻게 그런 스펙을 쌓았는지 치열하게 분석한다. 심지어 합격자가 다녔던 학원이나 유학원을 찾아가 그 학생이 어떤 교내·교외 활동을 했는지 등도 꼼꼼히 알아내 그대로 따르고자 한다. 다음은 내가 가르쳤던 제자 중 하버드대에 입학한 학생의 스펙이다.

- 졸업 학교: 미국 동부의 명문 보딩 스쿨[1]
- GPA[2]: 4.0(올A)
- 수강 과목: AP[3] 및 난이도 최상위 수업 12개
- SAT[4] 점수: 1,580점(상위 0.2%)
- 교내 활동: 바이올린 콩쿠르 수상, 학교 스포츠팀 캡틴(축구, 테니스), 수학 및 투자 클럽 회장 역임

---

1 Boarding School, 기숙사형 사립학교.
2 Grade Point Average, 평점 평균.
3 Advanced Placement, 대학교 1학년 과정 수업을 고등학교 때 먼저 들어 대학 입학 전에 대학 학점을 미리 취득하는 제도다.
4 Scholastic Aptitude Test, 미국의 대학입학 자격시험으로 1,600점 만점이다.

- 교외 활동: 대학교에서 교수와 함께 생물학을 주제로 연구 및 논문 작성
- 수상 경력: 학내 수학 경시대회 1등, 주 단위 컴퓨터공학 경시대회에 서 톱 10

이 정도 수준이면 미국 대학 유학을 희망하는 한국의 많은 학생과 학부모들이 바라는 '꿈의 스펙'일 것이다. 이 정도 스펙을 갖춘다면 하버드대, 스탠퍼드대, MIT(매사추세츠 공과대) 같은 세계 최상위권 대학에 충분히 들어갈 수 있으리라 생각하고 큰 기대를 품게 된다. 나아가 이런 스펙을 갖춘 학생이 해외의 보딩 스쿨 또는 한국에 있는 국제학교에서 한 명이라도 나온다면, 같은 학교에 자녀를 보내고 있는 다른 학부모들의 이목을 확 끌게 된다. 그리고 이런 학생과 유사한 스펙을 마련하기 위해 비슷한 활동 등을 따라 하며 고스펙 만들기에 집중하는 경향이 생긴다.

문제는 그렇게 노력해서 고스펙을 만든다고 해도 원하는 결과를 얻기가 어렵다는 것이다. 최근에는 이와 같은 스펙을 바탕으로 미국 최상위 대학에 지원했으나 떨어지는 학생의 비율이 합격 통지를 받는 학생의 비율보다 많아졌다. 2014년 미국에서는 교육계를 뒤집을 만한 충격적인 사건이 일어났다. 바로 아이비리그 대학 중에서도 최고로 손꼽히는 하버드대 입학 지원 과정에서 탈

락한 지원자들의 부모들이 학교 측을 상대로 집단 소송을 제기했기 때문이다. 소송의 이유는 간단했다. 탈락한 대다수의 지원자들은 최고 스펙을 자랑하는 학생들로 그때까지의 기준에 따르면 합격 커트라인 이상의 수준을 보유하고 있었던 것이다.

　미국 아이비리그 대학 중에서도 최상위권 대학으로 알려진 세 곳의 아시아계 학생들의 합격률을 살펴보면(2023년 기준), 하버드대 3.4%, MIT 4.8%, 스탠퍼드대가 3.9%인데, 한국 학생 지원자의 합격률은 이보다 훨씬 더 낮다. 또한, 미국 대학들은 대체로 공평한 교육을 지향하는 경향이 있는데, 균등한 교육의 기회를 보장해주기 위한 방편 중 하나로 한 가정 내에서 처음으로 대학에 진학하는 학생들을 우선적으로 뽑는 제도가 있다. 이 제도를 통해 학생을 선발하는 평균적인 비율이 하버드대의 경우에는 신입생 중 17%, 스탠퍼드대의 경우에는 20% 정도다. 하버드대뿐만 아니라 다른 아이비리그 대학들의 경우에도 이 제도로 합격한 학생들이 전체 입학생 중에서 차지하는 비율은 평균적으로 15%를 넘는다. 그리고 해가 갈수록 이 제도를 통해 선발되는 아이들은 매년 그 비율이 비슷하거나 증가하는 추세다.

　한 해에 학교에서 수용할 수 있는 입학생 수는 정해져 있으니 이러한 경향은 곧 고스펙만으로 합격 통지서를 받을 수 있는 확률이 점차 낮아진다는 뜻이기도 하다. 게다가 아이비리그를 비롯해 대다수의 명문대는 이제 더 이상 SAT 만점자처럼 공부만 잘하는 고스펙 학생을 바라지 않는다. 이들 대학은 다양한 배경과 재능을 가진 학생들로 캠퍼스를 구성하고 싶어 한다. 인재란 보통 한 분야의 학식이나 능력이 특출한 사람을 칭하는 말이다. 그런데 뛰어난 학업 능력을 거의 완벽하게 갖춘 아이들이 하버드대에 입성하지 못한 사태가 최근 몇 년 사이 계속해서 일어나고 있다. 그렇다면 하버드대를 비롯해 글로벌 교육을 선도하는 아이비리그 대학들은 자타가 공인하는 인재들을 두고 도대체 어떤 기준으로 입학생들을 발탁하고 있는 것일까?

•

고스펙 아시아 학생들이
아이비리그 입학 시험에서 떨어지는 이유

아이비리그 대학을 통틀어 전체 지원자들의 점수를 비교해보면 평균 SAT 점수와 GPA는 아시아계 학생들의 점수가 제일 높다. 이런 학생들은 보통 난이도가 높은 AP나 아너[5] 수업을 들으면서 높은 학점을 유지해온 경우가 다반사다. 또한, 악기를 오랫동안

---

5 Honors, 일반적인 수업보다 난이도가 높은 수업.

배워왔으며 오케스트라를 비롯해 다양한 동아리 활동에 참여한다. 만약 자신의 스펙에 유리하게 작용할 수 있는 동아리가 교내에 없으면 직접 만들어서라도 교내 활동의 수준을 높인다. 이와 더불어 매주 양로원, 보육원, 병원, 장애인 센터, 종교기관 등에서 봉사활동을 꾸준히 하며 인턴십과 아르바이트를 하거나 부모님 사업을 도우며 비즈니스 경험을 쌓는 학생들도 상당하다.

이렇게까지 열성적으로 대학 입학을 위한 포트폴리오를 만들고 평균적인 수준보다 높은 스펙을 갖춘 아시아계 학생들이 왜 하버드대에서 불합격 통지를 받고, 이들보다 상대적으로 스펙이 낮다고 여겨지는 다른 인종의 지원자들은 합격 통지를 받을까? 앞에서 짧게 언급했지만 이와 같은 상황을 문제로 여긴, 자녀가 하버드대 입학 지원에서 탈락한 아시아계 미국인 가족들이 모여 2014년 'Students for Fair Admissions^SFFA'라는 그룹을 만들어 하버드대와 노스캐롤라이나대를 상대로 소송을 제기했다. 거의 완벽한 스펙을 가지고 있는 아시아계 학생들(특히 중국, 한국 학생들)이 합격을 하지 못한 결과를 납득할 수 없었기 때문이다.

이 사건은 2022년에 항소를 통해 대법원까지 케이스가 올라갔다. 이 소송의 주요 쟁점이자 화두는 입시 과정에서 '인종'을 채점 항목으로 두고 가산점을 줄 수 있는지 여부였다. 고스펙을 가진 아시아계 학생들은 불합격하고, 상대적으로 스펙이 낮은 다른 인종 학생들이 합격 통지서를 받은 사실이 엄연했기 때문에 이를 두고 불합격 통지를 받은 입장에서 충분히 의문을 제시할 수 있는 사건이었다.

하지만 실제로 현재 미국 대학에서 인종'차별'적인 기준으로 학생들을 선발하고 있는가를 들여다보면 '그렇다'라고 명확하게 답하기는 어렵다. 오히려 2020년 미국 내 인구 조사 결과를 살펴보면 총인구 중 아시아계가 6.2%를 차지하고 있음에도 불구하고 최상위권 대학으로 알려진 하버드대나 프린스턴대 학부생들의 약 25%가 동양인 학생이다. 즉, 전체 미국 인구에서 아시아계가 차지하는 비율보다 3~4배나 높은 비율로 아시아계 학생들이 이들 학교를 다니고 있다는 뜻이다.

이러한 수치와 더불어 하버드대가 공개한 신입생 선발 기준 데이터를 보면 인종에 대한 고정관념이나 인종이 입시에 부정적으로 영향을 준다는 사실이 성립하지 않는다는 또 다른 증거도 찾을 수 있다. 앞서 언급한 소송에서 하버드대는 2023년 미국 대법원 판결에 의해 결과적으로 패소했는데, 소송을 진행하는 과정에서 하버드대는 신입생 선발 기준을 공개할 수밖에 없었다. 당시 하버드대가 제시한 신입생 선발 기준을 통해 그들이 어떠한 인재를 찾고 있는지 유추가 가능하다. 다음의 표는 미국 대법원 소송 과정에서 공개된, 하버드대의 합격자를 뽑는 기준과 전체 평가

등급	합격자 선발 기준
1등급	최고의 자격: 객관적, 주관적 관점으로 봐도 매우 특출한 지원자 (합격률 90% 이상)
2등급	강력한 자격: 강력한 후보이지만 최고 레벨은 아닌 지원자 (합격률 50~90%)
3등급	확고한 경쟁자 자격: 자격과 지원 조건이 좋은 지원자 (합격률 20~40%)
4등급	중간 자격: 존중할 만한 자격을 갖고 있으나 합격하기에는 부족함
5등급	부적격: 일반적으로 다른 지원자보다 낮은 자격
6등급	해당 없음: 지원서 읽지 않음

● 하버드대의 합격자 선발 기준

등급이다.

하버드대 입학사정관은 지원자의 지원서를 읽고 학업Academic, 교외 활동Extracurricular, 운동Athletic, 개인적 특성Personal, 추천서School Support 등 총 5가지 항목에서 각각 점수를 매긴다. 각 항목은 1~6등급으로 나뉘어서 평가되는데, 이때 1이 가장 높은 등급이며 6이 가장 낮은 등급이다. 이때 유의할 것은 모든 항목의 가중치가 동일하지 않다는 사실이다. 가령, 지원자의 학업 성적이 추천서보다 중요하고, 추천서 내용보다 교외 활동이 더 중요한 식이다. 특별한 케이스가 아니라면 한 학생의 지원서를 두 명의 입학사정관이 교차로 읽어 점수를 부여함으로써 개인의 주관적인 판단을 최

대한 배제하고자 한다. 각 항목의 세부 내용을 정리하면 다음과
같다.

- **학업**Academic

말 그대로 학교 성적이다. 상대적으로 난이도가 높은 수업에서
높은 점수를 받은 학생을 선호한다. 안정적으로 점수를 받을 수
있는 수업에서 올A를 받은 학생보다 점수를 받기가 다소 까다로
운 수업이라 할지라도 도전적이고 새로운 지식을 배우고자 하는
태도가 보이는 학생을 선호한다.

- **교외 활동**Extracurricular

어려운 환경 속에서 성장한 학생들의 경우에는 부모나 형제자
매를 보살펴야 하기 때문에 교외 활동 경험을 쌓기 힘든 경우도
있다. 숙련된 입학사정관들은 해당 학생이 진심으로 관심과 열정
을 가지고 교외 활동을 했는지, 아니면 그저 스펙을 만들기 위해
억지로 한 활동인지 충분히 판단할 수 있다. 가령, 최근 들어 수
많은 아시아계 학생들이 대학교수 또는 대학원생과 함께 연구에
참여해 논문을 쓰고 제출하는 경우가 많아졌는데, 이런 경우의
대다수는 거액을 들였거나 부모님들 사이의 친분 관계로 행해진
다는 것을 입학사정관들도 알기 때문에 입학에 실질적으로 도움

이 되지 않는다.

• 운동Athletic

이 항목은 '운동'이라고 이름 붙이긴 했지만 운동 실력을 비롯해 특별한 예체능 능력을 보유했는지 여부를 확인하는 항목이다. 대다수의 미국 대학에서는 농구 또는 미식축구와 같은 팀 스포츠가 학교의 자부심과 명성을 높여줄 뿐만 아니라 학생들의 입학 지원율 및 기부금과도 깊게 연관되어 있다. 가령, 미국 펜실베이니아주 필라델피아에 위치한 사립 가톨릭 종합대학인 빌라노바대는 2016년 대학 농구 리그에서 우승한 이듬해에 지원자가 22.3%나 상승했다. 또한, 듀크대는 2020년도 기준, 학내 미식축구팀이 경기로 벌어들인 수익이 대략 4,000만 달러(한화로 약 530억 원), 남성 농구팀의 경우에는 3,300만 달러(한화로 450억 원)에 다다랐다. 타이거 우즈가 스탠퍼드대에 진학할 수 있었던 것도 그가 당시 세계 최고의 아마추어 골퍼였기 때문이다. 우리나라로 치면 국가대표급 기량을 가진 청년들이 특기생 전형으로 명문대에 입학하는 것과 마찬가지다.

• 개인적 특성Personal

여기에서는 '개인적 특성'이라고 일컬었는데, 성격 또는 개인적 자질 등으로도 번역이 가능한 항목이다. 'Personal'은 적응력, 적극성, 인내력, 용기 등과 같은 개인의 성격이나 소프트 스킬을 통칭하는 말로 흔히 쓰인다.

- **추천서**School Support

지원서를 접수할 때 해당 학생의 학교에서는 인문과 STEM 선생님, 교내 카운셀러 선생님이 각각 해당 학생에 대한 추천서를 써서 제출해야 한다. 외부 추천서도 첨부가 가능하지만 선발에는 큰 영향을 미치지 않는다. 대통령에게 추천서를 받는다 할지라도 외부 추천인과 해당 학생 사이에 개별적인 서사가 존재하지 않는 형식적인 추천서라면 당락에 별다른 영향을 주지 못한다.

이와 같은 5가지 항목에서 아시아계 학생들이 제일 낮은 점수를 보인 항목은 바로 '개인적 특성'이었다. SFFA가 보유한 16만 명 이상의 학생 기록을 바탕으로 수행된 통계 분석에 따르면, 아시아계 지원자들은 다른 인종 그룹의 지원자들보다 더 우수한 성적과 더 많은 과외 활동 이력을 자랑했지만, 유독 개인적 특성 영역에서 지속적으로 낮은 점수를 받는 경향을 보였다. 이를 두고 미국 내 입시 전문가들은 입학 사정 과정에서 개인적 특성 점수를 강조함에 따라 다른 항목에서는 우수한 수준으로 자격을 갖춘 아시아계 미국인이 아이비리그 등에 입학할 수 있는 가능성이 크게 줄어들었다고 결론을 내렸다.

미국 대학 입시는 마치 틱톡TikTok 영상과 같다. 미국의 상위권 명문 사립대의 경우에는 지원자가 무척 많기 때문에 지원자 한 명의 원서를 검토하는 시간이 평균적으로 몇 분밖에 주어지지 않는다. 따라서 지원자들은 짧은 시간 안에 입학사정관들에게 감동을 안겨줘야 한다. 즉, 미국 대학 입학 지원서는 마치 15초 단위로 만들어진 틱톡 영상처럼 뇌리에 깊게 남을 수 있는 내용으로 구성되어야 한다. 틱톡 알고리즘은 수많은 영상을 스크롤 하면서 초 단위의 짧은 영상을 끝없이 볼 수 있게 유도한다. 하지만 사용자에게 깊은 감동을 선사함으로써 알고리즘의 영향을 받지 않고 자발적으로 다른 영상을 클릭하게 만드는 계정은 생각보다 많지 않다. 이런 입장은 미국의 최상위권 대학들의 입학사정관들도 마찬가지다. 원서를 검토해야 하는 시즌이 다가오면 이들 입학사정관들은 수백 개의 원서를 읽어야 하는데 어지간해서 학생들의 스토리는 대개 비슷하기 마련이다. 물론 여러 방면에서 탁월한 성취를 일군 대단한 학생도 많다. 그러나 해가 갈수록 다른 학생들과 차별성 있는 스토리를 지닌 학생을 찾기가 점점 힘들어지는 추세다.

유학생들의 경우에도 마찬가지다. 어린 나이부터 해외로 나가 공부를 하다 보면 향수병, 컬처 쇼크, 인종차별 등의 다양한 어려움을 겪기 마련이다. 이런 문제들을 극복하고 정신적으로 성숙하는 아이들도 많다. 대입 원서에는 이러한 이야기를 넣는 것이 일반적이다. 하지만 감동적이고 칭찬할 만한 성장 스토리임에도 불구하고 대부분의 유학생이 이와 같은 유사한 상황에 놓여 있기 때문에 비슷한 이야기가 쓰인 원서를 수차례 읽는 입학사정관들에게는 그러한 이야기들이 매력적으로 읽히거나 특별한 감동을 불러일으키지 못하는 것이 엄연한 현실이다. 비슷한 스펙에 유사한 역경 극복 과정을 갖고 있는 유학생들의 이야기는 입학사정관들에게 마치 이미 여러 차례 시청한, 유사 콘텐츠를 담은 틱톡 동영상과 같다.

그렇다면 비슷비슷한 수많은 원서들 사이에서 미국 명문대 입학사정관들의 눈을 사로잡는 포인트는 무엇일까? 다음 장에서는 그들이 신입생을 선발할 때 가장 중요하게 여기는 가치가 무엇인지 알아보도록 하겠다.

아이비리그에
합격하는 인재는 따로 있다

하버드대가 공개한 신입생 선발 기준에서 가장 눈에 띄는 부분 중 하나는 '적응성', '유용성', '무결성' 및 '용기'와 같은 지원자의 소프트 스킬을 적극적으로 고려했다는 점이다. 나는 지난 20년 동안 1,000여 명이 넘는 학생들을 직접 지도했거나 컨설팅해 미국 상위권 대학에 진학시켰다. 수많은 학생을 아이비리그 대학에 보냈지만 놀라운 자질과 태도를 보여줘서 인상적으로 기억하는 학생들은 손에 꼽는다. 그중 한국 학생은 유일하게 단 한 명이었다. 하버드대, 스탠퍼드대, MIT에 입학 지원서를 넣어 모두 합격한 그 학생을 처음 만난 것은 내가 뉴욕 맨해튼에서 학원 및 다양한 교육 프로그램을 운영하던 시절이었다. 첫 상담을 했을 때 그 학생의 어머님은 고등학생인 아들이 SAT 및 과목 시험 준비를 열심히 하지 않았다면서 앞으로 집중해서 잘 공부를 할 수 있도록 멘토링과 지도를 해주기를 부탁하셨다. 그런데 나중에 알고 보니 그 학생이 학과 공부에 집중을 하지 않은 이유는 따로 있었다. 바로 혼자서 코딩하는 방법을 배우고 설계하는 일에 푹 빠져든 상태였기 때문이었다. 그 학생은 학교를 다녀오고 나면 그때부터 매일 새벽 늦게까지 인터넷에 있는 코딩 관련 영상과 책을 보면서 학교 커리큘럼에서는 제공하지 않았던 코딩을 독학으로 공부하던 중이었다. 몰두하고 있는 분야가 있었으니 SAT나 학교 시험 준비에는 관심이 없는 것이 지극히 당연했다.

학생의 상황을 파악한 나는 학생의 부모님께 아이가 코딩에 계속 빠져 있도록 지원해야 한다고 조언을 드렸다. 부모님 눈에는 하라는 공부는 하지 않고 아들이 밤늦도록 딴짓만 하는 것처럼 보였으니 참다못해 자녀를 학원으로 데리고 왔을 것이다. 하지만 자신이 몰두하고 싶은 분야를 일찌감치 발견해 스스로 정보를 찾아가며 시간 가는 줄 모르고 빠져들어 있던 학생의 모습은 교육 전문가인 내 시선에서 무척 고무적으로 보였다. 교육에서 가장 중요한 것은 자기주도성이다. 시켜서 하는 공부로는 단기적 성과는 낼 수 있을지 몰라도 장기적으로는 크게 남는 바가 없다. 자기 안에서 내적 동기가 생겼을 때 비로소 공부에 추진력이 생긴다. 다만, 이 학생의 경우 현실적인 입시 조건을 고려했을 때 SAT 및 개별 과목에서의 성적을 올리기 위한 공부의 절대 시간이 부족한 것은 사실이었다. 학생이 코딩에 하루 일과의 많은 부분을 할애하는 중이었기 때문이었다. 따라서 학원 커리큘럼으로는 공부의 절대 시간을 충분히 확보할 수 없으므로 시간 대비 아웃풋이 효율적인 1:1 과외를 하는 방향을 권했다.

결과적으로 이 학생은 당시 고등학생이었음에도 불구하고 직접 애플리케이션을 개발하는 데 성공했다. 당시는 애플이 아이폰을 출시한 지 얼마 지나지 않은 시점으로 스마트폰이라는 모바일 기기에서 사용할 수 있는 다양한 애플리케이션들이 실험적으로 만들어지고 서비스되기 시작하던 때였다. 즉, 수많은 스타트업이 시장 가능성이 크게 점쳐지는 모바일 애플리케이션 산업에 앞다퉈 진출하던 시절이었는데, 당시 이 학생은 iOS 전문 개발자가 아니어도 iOS용 애플리케이션을 만들어 런칭할 수 있는 플랫폼도 만들었다. 이후 이 학생이 만든 모바일 애플리케이션은 100만 명이 넘는 사람들이 다운로드를 할 정도로 인기를 끌었고, 쏟아지는 문의에 대응하기 위해 고객 관리 시스템을 도입해야 할 정도였다. 결국 이 학생은 자신이 제작한 모바일 애플리케이션을 기반으로 고등학생의 나이에 창업을 하게 된다. (당시 만 18세를 넘기지 않은 미성년자였기 때문에 학생의 어머님을 서류상 대표이사로 하여 회사를 창업했다.)

학생 신분으로 제품을 만들어 세상에 내놓은 것만으로도 놀라웠는데, 나를 더욱 감탄하게 한 것은 그 후의 행보였다. 이 학생은 고객 관리 및 응대를 원활하게 진행하기 위한 방편으로 외주 인력을 고용해 운영했을 뿐만 아니라 개발자인 본인이 직접 나서서 자신에게 쏟아지는 창업 및 개발에 관한 수많은 문의 사항들에 성심성의껏 응답했다. 또한, 자신이 개발한 모바일 애플리케이션에서 발견된 문제들을 자기보다 나이가 많은 개발자 등과 소통하며 하나씩 개선해나갔다. 이 학생은 대학 진학 여부와 상관없이 이미 자기만의 분야를 개척해 자신의 비즈니스를 해나갈 줄 아는 능력을 증명해낸 셈이었다. 나는 이 학생을 보면서 '이 아이는 대학을 가지 않아도 성공할 사람이구나'라는 생각을 했다.

사실 이 학생의 객관적인 스펙은 앞에서 언급했던, 하버드대에 입학 지원을 한 학생의 스펙과 견줬을 때 비교적 부족한 편이었다. 특히 학업 성적 부분이 취약했다. 미국 내 상위권 대학을 지원하는 학생들 중에는 AP 수업은 물론이고 과목 시험을 10개 이상 듣고 치르는 학생도 있지만, 이 학생은 AP 수업도 3개밖에 듣지 않았고 SAT 점수도 상위 5% 정도였다. 악기 연주나 스포츠팀 활동도 전혀 하지 않았다. 학업 성적과 교외 활동의 수준으로만 따진다면 이 정도 스펙으로 아이비리그 대학을 지원하는 한국 학생들은 대부분 서류 전형에서 탈락하는 것이 현실이다. 하지만 이 학생은 세계적으로도 손꼽히는 명문대 세 곳에 모두 합격했고, 최종적으로는 스탠퍼드대를 선택해 진학했다.

이 학생이 다른 학생들과 비교했을 때 눈에 띄게 달랐던 점은 내가 보기에 딱 하나였다. 대학에 가기 위해서, 스펙을 쌓기 위해서 이와 같은 활동을 한 것이 아니라 자신의 관심사에 미친 듯한 열정을 쏟다 보니 그것이 바탕이 되어 결국 명문대까지 입학하게 됐다는 사실이다. 즉, 공부를 하는 목적과 그로 인한 결과의 순서가 정반대였다.

- **일반적인 학생들**
  (1) 대학에 가기 위해/스펙을 쌓기 위해 → (2) 전략적으로 공부한다.

- **앞에서 언급한 학생**
  (1) 자신이 하고 싶은 공부에 몰두하다 보니 → (2) 명문대에 입학했다.

이것이 바로 미국 아이비리그 등 명문대에서 원하는 선순환의 공부 방식이다. 자신이 좋아하고 앞으로 계속 공부하길 원하는 분야를 미친 듯이 파고들다 보니 자연스레 해당 분야에서 두

각을 드러내게 되고, 이렇게 쌓은 탁월한 능력이 결국 명문대 합격 여부를 갈랐다고 볼 수 있는 것이다. 하버드대와 같은 미국의 최상위권 대학들이 원하는 학생은 학업 스펙이 뛰어난 학생이 아니다. 이들은 학력 스펙을 뛰어넘어 쉽게 말해 '기꺼이 사고를 칠 수 있는 사람', '판을 바꾸는 사람'을 발굴하고자 애쓴다. 메타(이전의 페이스북)의 창업자이자 CEO인 마크 저커버그, 마이크로소프트의 창업자인 빌 게이츠, 테슬라의 창업자이자 CEO인 일론 머스크 등은 그들이 원하는 인재상에 가까운 인물들이다. 이들의 공통점이 있다면 시대의 변화를 읽고, 그보다 한 발 앞서 신기술이나 새로운 플랫폼을 개발해 시대의 흐름을 선도한 인물이라는 점이다. 즉, 이미 정해진 기준에 도달하고 통과하기 위해 모두가 하는 방식에 따라 공부만 했던 사람들이 아니라 창의성과 용기, 추진력과 문제해결력을 가지고 그 자신이 세상의 변화를 주도하는 중심이 된 사람들이었다.

이처럼 세태에 이끌려 가는 사람이 아니라 흐름과 판도를 뒤바꿀 줄 아는 사람을 일컬어 '체인지 메이커Change Maker'라고 부른다. 체인지 메이커는 영어 단어의 뜻 그대로 '변화를 만드는 사람'이다. 그리고 변화를 일으킬 수 있는 능력은 학업 성적을 높이 올린다고 해서 가질 수 있는 것이 아니다. 이는 학력의 우수성보다 개인적 자질, 이를테면 어려움에도 굴하지 않는 인내력, 기존의 방식에 의문을 던질 수 있는 비판적 태도, 작은 아이디어도 크게 키울 수 있는 추진력과 집중력 등과 더욱 관계가 있는 능력이다.

결국 미국 명문대 입시의 당락을 결정하는 것은 대체로 학생의 성격이나 태도, 관심 분야에 대한 적성 등 지극히 개인적 특성에 가까운 사항들이라고 할 수 있다. 앞에서 사례로 언급한 학생의 경우에는 개인적 특성의 여러 자질 중 열정, 창의성과 아이디어, 아마추어 개발에서 시작해 스타트업 창업까지 추진한 실행력과 같은 요소 등이 입학사정관들로부터 높은 평가를 받았을 것이라고 짐작된다. 요컨대 미국 아이비리그 대학들은 세상을 바꿀 만한 자신만의 강점과 색깔이 뚜렷한 학생들을 찾고 있다고 말할 수 있다.

●

MIT의
입시 과정 중요 항목 데이터

다음 페이지에 나오는 표는 전 세계에서 최고로 손꼽는 혁신적인 대학교인 MIT가 2021년도에 공개한 데이터로 입시 과정에서 중요한 영향을 미치는 항목들이 명시되어 있다. MIT 학부 신입생 선발 과정에서는 크게 학문적 요소와 학문 외적 요소로 나누어

학문적 요소	매우 중요	중요	고려	고려하지 않음
중등학교 기록		○		
클래스 랭크			○	
GPA		○		
표준화 시험 점수		○		
지원서 및 에세이		○		
추천서		○		

학문 외적 요소	매우 중요	중요	고려	고려하지 않음
인터뷰		○		
교외 활동		○		
재능/능력		○		
성격/개인적 자질	○			
가족 중 처음으로 대학에 입학했는지 여부			○	
동문 관계				○
거주지			○	
미국 거주 여부				○
종교				○
인종 및 민족			○	
자원 봉사 활동			○	
스타트업 등 업무 경험			○	
지원자의 관심도				○

● MIT의 학부 신입생 선발 기준 항목 및 가중치

학생을 평가한다. 그리고 두 요소 중 학문적 요소를 구성하는 세부 항목들의 가중치는 대체로 '중요'하다고 표시가 되어 있다. 반면, 학문 외적 요소를 구성하는 세부 항목들의 경우 '고려하지 않음'이라고 표시된 항목들도 적지 않은 것이 눈에 띈다. 가령, 이 기준에 따른다면 동문 관계나 미국 거주 여부, 종교 등은 학생의 입학 당락에 아무런 영향을 주지 못한다.

대학은 '학문의 전당'이라는 수식어처럼 기본적으로 공부와 연구를 하는 공간이다. 따라서 대학 입학 전형에서 학생이 가진 학습자 및 연구자로서의 자질에 가중치를 두는 것은 당연하다. 학문적 요소를 구성하는 세부 항목들의 가중치가 대체로 '중요'하다고 표시되어 있는 이유다. 그런데 이 표에 적힌 항목들을 가만히 잘 살펴보면 두 가지 흥미로운 점이 눈에 들어온다.

하나는 학문적 요소의 세부 항목들보다 더욱 중요하게 여겨지는 학문 외적 요소가 하나 있다는 사실이다. 그것은 바로 '성격/개인적 자질' 항목이다. '성격/개인적 자질'은 학문적 요소와 학문 외적 요소의 세부 항목을 모두 통틀어서 그 가중치가 '매우 중요'하다고 표시된 유일한 항목이다.

또 다른 흥미로운 점은 대체로 '중요'하다는 가중치를 부여받은 학문적 요소의 세부 항목 중에서도 유일하게 '클래스 랭크'만은 고려는 하되 중요하지는 않다고 표시되어 있는 부분이다. 클래스 랭크는 말 그대로 등수(순위)를 가리키는데 특정 집단 내에서 해당 학생이 어느 정도 수준에 위치하는지 상대적으로 측정한 지표라고 할 수 있다. 즉, 절대 점수라고 보기에는 어려운 지표다.

MIT는 이공계 분야에서 전 세계 톱클래스로 손꼽히는 명문대로 수학 및 과학 올림피아드 최고 수상자나 혁신적인 스타트업과 함께 연구 개발을 주도하는 학생들을 선호한다. 앞에서 제시한 표를 통해 우리는 MIT 역시 하버드대와 마찬가지로 신입생을 선발할 때 개인적 특성을 매우 중요하게 생각한다는 점을 확인할 수 있다.

왜 '개인적 특성'에
주목해야 하는가

앞에서 하버드대는 신입생을 선발할 때 리더십, 포기하지 않고 꾸준히 도전하는 끈기, 창의성, 몰입 등의 개인적 특성을 가진 사람을 발탁하는 것을 중요하게 여긴다고 설명했다. 그렇다면 그들은 왜 판을 바꾸는 사람, 체인지 메이커를 찾는 것일까? 여기에는 크게 2가지 이유가 존재한다.

첫 번째 이유는 하버드대를 졸업한 동문 목록을 보면 알 수 있다. 하버드대(대학원 포함)는 버락 오바마를 비롯해 지금까지 8명의 미국 대통령을 배출했다. 또한, 역대 노벨상 수상자들 중 162명이 하버드대를 졸업한 인물들이다. 빌 게이츠, 마크 저커버그와 같은 창업자들의 경우에도 중퇴를 하긴 했지만 역시 하버드대에 입학해 공부하며 사업에 대한 아이디어를 확장하고 발전시켜나간 바 있다. 그 외에도 하버드대 동문 목록을 살펴보면 차세대 정치인, 세계적으로 유명한 상을 수상한 작가나 과학자, 배우를 비롯한 예술가 등 그 면면이 무척 화려하다. 직업의 스펙트럼은 다양하지만 하버드대를 졸업한 이들 중 다수가 미래의 변화를 주도하고 영향력을 미친 체인지 메이커들이었다.

이처럼 학교에서 세상으로 배출한 체인지 메이커가 많을수록 그 학교의 브랜드 가치는 더욱 상승한다. 하버드대가 오늘날의 위상을 가지게 된 것은 이 학교를 졸업한 이들 가운데 많은 이들이 미국 사회, 더 나아가 전 세계에 커다란 영향력을 미친 인물들이었던 까닭도 있을 것이다. 이러한 사실에 대한 재학생 및 졸업생들의 자부심은 이후 이들이 사회에 진출했을 때 끊김 없고 견고한 네트워크를 구축하는 일로도 이어진다. 이러한 활동들은 결국 학교에 대한 애정을 바탕으로 한 모교 후원은 물론이고, 학교의 높은 브랜드 가치를 인정한 외부 투자로도 이어진다. 미국 대학들의 재정 및 학교 운영 시스템은 대체로 이와 같은 선순환을 기반으로 세팅되어 있다.

이러한 시스템이 장애 없이 잘 굴러가려면 대학 입장에서는 졸업 후 사회에 나가 자신만의 영역을 공고하게 다져 영향력을 키워나갈 수 있는 개인적 자질이 충분한 학생을 신입생으로 받는 것이 유리하다. 즉, 시키는 일이라면 누구보다 잘해내는 성실한 모범생이자 모든 것을 평균 이상으로 잘하는 제너럴리스트Generalist보다는 특정 분야에 대한 깊은 관심과 호기심을 바탕으로 해당 분야에서 독보적인 실력과 열정을 발휘할 수 있는 잠재력을 가진 학생 또는 이미 그러한 잠재력을 펼치고 있는 학생들을 선발할 수밖에 없는 구조인 것이다.

최근 발표된 한 통계를 보면 하버드대 학내에서 시작된 100개 이상의 스타트업이 지난 5년 동안 조달한 벤처 캐피탈 액수는 무려 44억 달러(한화로 약 6조 원)에 이른다. 교육, 건강 관리, 식품 및 농업, 에너지, 지속 가능성, 첨단 기술 제품 등을 다루고 있는, 하버드대 출신 창업자들의 스타트업 생태계를 들여다보면 하버드대가 신입생을 선발할 때 왜 미래의 체인지 메이커가 될 수 있는 가능성을 지닌 학생들을 찾는지 이해할 수 있다.

두 번째 이유는 기부금 때문이다. 자본주의의 본고장이자 여전히 '기회의 땅'이라 불리는 미국은 학교조차도 기업처럼 운영된다. 미국의 대부분의 시스템은 자본주의 체제를 바탕으로 하기 때문에 이윤 획득을 목적으로 생산과 소비가 이루어지는 구조로 운영된다. 따라서 미국의 학교들 역시 신입생을 선발할 때 이들이 졸업한 이후 사회인이 되었을 때 학교에 물질적인 도움을 줄 수 있거나 학교의 평판을 높여줄 수 있는, 즉 실질적인 이득을 가져다줄 수 있는 가능성을 지닌 학생을 뽑고자 한다. 그들이 차후에 글로벌 리더로 성장하여 모교에 더 많은 기부금을 내준다면, 그 기부금으로 학교 재정의 내실화를 추구함으로써 학교 측은 실력과 재능은 출중하나 재정적인 어려움을 겪어 충분한 교육의 기회를 얻기 어려운 저소득층에게 장학금으로 도움을 줄 수도 있다.

또한, 더욱 질 높은 교육과 경험을 재학생들에게 제공하기 위해 명사 초청이나 연구 지원에도 더 많은 투자를 할 수 있다. 이런 수혜를 받은 학생들 중 상당수는 다시 또 차세대 글로벌 리더가 되어 자신이 학교로부터 받은 지원에 답례하고자 자신이 사회에서 쌓고 얻은 이윤을 학교에 환원하게 된다. 수백 년의 역사를 지닌 유서 깊은 미국의 명문대는 이러한 선순환의 구조를 지난 몇 세기 동안 지속적으로 누적해왔다.

실제로 미국 명문 사립대학은 학비가 세계 최고 수준으로 높음에도 불구하고 학생들이 납부하는 학비만으로는 1년 동안 필요한 학교 운영비의 50%도 메울 수 없는 수익 구조를 갖고 있다. 즉, 학생들이 납부하는 학비에만 의존해서는 양질의 교육을 위한 지속적인 투자, 학교에서 이루어지는 수많은 학술 연구 지원, 장학금 지급, 기타 학교 운영 전반에 들어가는 관리비를 충당하기에는 턱없이 부족하다는 의미다. 미국 비영리재단들은 외부에도 공개되는 세금 보고서를 매년 제출하는데, 이에 따르면 2022년 하버드대가 학비로 벌어들인 수익은 21.25억 달러(한화로 약 2.8 조 원)였지만, 운영 지출비는 58.27억 달러(한화로 약 7.8조 원) 정도 였다. 여기까지만 보면 명백한 적자다. 그러나 기부금 펀드를 운용해 벌어들이는 이익(46.61억 달러, 한화로 약 6.2조 원) 등을 합하면 연간 37.97억 달러(한화로 약 5.9조 원)의 순이익을 기록한 것으로 나타났다.

하버드대 캠퍼스 커플로 만나 결혼하게 된 마크 저커버그와 그의 아내 프리실라 챈은 2022년에 5억 달러(한화로 약 7,000억 원)를 하버드에 기부했다. 하버드 법대에서 명예 법학 학사 학위를 받은 빌 게이츠 역시 1996년에 1,500만 달러(한화로 약 400억 원)를 기부한 적이 있다. 그는 하버드대에 기부금을 전하며 "내가 사회로부터 얻은 재산을 다시금 사회에 돌려주는 것이 이 기부 운동에 참여하는 이유다"라고 말했다. 성공한 투자자이자 버크셔 해서웨이의 CEO인 워런 버핏은 "열정은 성공의 열쇠, 성공의 완성은 나눔이다"라고 표현한 바가 있는데, 그의 말처럼 미국의 성공한 기업인들의 대다수가 자신이 졸업한 모교를 비롯해 다양한 기관에 활발히 기부한다. 이처럼 미국은 기부금 문화가 다른 나라에 비해 많이 활성화된 편인데, 이는 사회적 시스템이나 분위기도 한몫한다. 미국은 기부금 운용이 다른 나라보다 비교적 투명한 편이고, 기부에 대한 다양한 세제 혜택 제도도 잘 갖춰져 있다. 또한, 학교 교과 과정에서 기부의 중요성을 가르치기도 하는 등 사회 전반적으로 나눔의 문화가 뿌리 깊은 편이다.

앞에서 계속 살펴본 것처럼 미래의 체인지 메이커를 키우기 위해 이미 전 세계 최고의 대학들이 입학생 선발 과정에서 학문적 요소의 출중함, 즉 학업 성적을 최우선이 아니라 점점 차선의 요소로 두고 있는 추세다. 학업 실력보다 개인적 특성을 중시하는 미국 명문대 입시 기준과 비슷한 맥락에서 이야기하자면 앞으로는 기술이나 테크닉의 우월함을 갖춘 사람보다 다양한 분야를 아우르며 융합할 수 있는 자질을 갖춘 사람이 미래형 인재로 대우를 받을 확률이 높아졌다.

프롤로그에서도 언급했지만 최근 오픈에이아이에서 만든 챗 GPT가 커다란 이슈로 떠올랐다. 챗GPT에 내가 알고 싶은 주제에 대해 질문을 던지면 이미 온라인상에 존재하는 수많은 정보를 학습한 AI가 학습한 정보들을 조합하여 적절한 대답을 해준다. 챗GPT를 한 번이라도 사용해본 분들이라면 알겠지만 챗GPT가 제시하는 답변들을 읽고 있으면 이 문장을 정말 기계가 만들어낸 것인지, 사람이 만들어낸 것인지 헷갈릴 정도로 문장과 내용의 완성도가 뛰어나다. 쉽게 말해 각각의 개별적인 학문 과목이라고 할 수 있는 코딩, 논술(문장의 기술), 수학 등을 이제는 AI가 인간

보다 훨씬 더 뛰어나게 해내고 있는 것이다.

현실이 이미 이러하다면 미래 세대를 길러내기 위한 교육은 바뀐 현실에 발맞추어서, 아니 지금보다 훨씬 더 발전할 미래를 한 발 앞서 예측하면서 그에 걸맞은 방식으로 그 내용과 방법을 모두 혁신해야 할 것이다. 이러한 관점에서 내가 특히 강조하는 부분은 미래 교육이 인문학과 STEM이 합쳐진 융합 교육으로 진행되어야 한다는 점이다. STEM은 과학Science, 기술Technology, 공학Engineering, 수학Mathematics을 의미하는 영어 단어의 앞 글자를 딴 용어로 전 세계적으로 중요시되고 있는 미래 성장 동력 분야다. 최근에는 여기에 예술Art을 추가해 STEAM이라고 부르는 경우도 많다. 인문학과 STEAM이 어우러진 융합 교육의 실제적인 커리큘럼에 대해서는 이 책의 2부에서 보다 본격적으로 다루도록 하겠다.

지금까지의 내용을 통해 미국 내 유수의 명문 대학들이 입학생 선발 기준을 '개인적 특성'에 초점을 맞춘 방향으로 바꾸는 이유에 대해 충분히 이해할 수 있었는가? 새로운 시대의 교육이 어떤 방향을 지향하는지에 대해 파악했다면, 이제 보다 더 가까운 우리의 현실을 되돌아볼 차례다. 2장에서는 오늘날 대한민국의 교육은 과연 미래형 인재를 키우는 데 적절한지, 적절하지 않다면 구체적으로 어떠한 부분들이 문제이며 어떻게 개선해가는 것이 좋을지 살펴보도록 하겠다.

2장

지금 우리는
무엇을 공부하고 있나

글로벌 교육의 최전선에서
일하며 얻은 깨달음

지금으로부터 14년 전인 2010년에 나는 아이비리그 중 하나인 컬럼비아대에서 교육 공학으로 석·박사 학위 과정 공부를 시작했다. 이후 나는 7년간 학교에서 머물며 교내나 맨해튼에서 만난 교수님들을 비롯해 다양한 사람들과 더불어 교육 스타트업 창업도 경험할 수 있었다. 교육 공학은 기술을 활용해 효과적인 교육 방식을 디자인하는 학문으로 최근 교육학 분야 중에서도 많은 관심을 받고 있는 전공이다. 컬럼비아 교육대학원은 미국에서 제일 많은 교육자와 다양한 교육 프로그램들을 보유한 곳이기도 하지만 무엇보다 가장 매력적인 점은 세계의 중심지라고도 불리는 뉴욕 맨해튼에 위치해 글로벌 교육 트렌드를 가장 빠르게 접할 수 있다는 사실이다. 컬럼비아대에는 총 16개의 단과 대학원이 있어 다양한 분야의 대학원생과 전문 교수진을 만날 수 있다는 점도 교육 전공자인 내게 커다란 장점으로 여겨졌다. 나는 교육 공학 전공자였지만 비즈니스스쿨과 공대, 의대 대학원 등 여러 단과 대학 및 대학원 수업을 청강하거나 프로젝트에 참여할 수 있었다.

교육대학원에서 공부를 하는 동안 나는 교실에서 교수님들의 강의를 듣고 논문만 읽기보다는 학교 밖으로 나가 다양한 교육 산업의 현장을 체험하는 일에 더 많은 흥미를 느꼈다. 그리고 학교 수업 내용 자체보다는 내 옆에 앉아 함께 공부하던, 다양한 환경에서 성장해온 학생들에게 더 큰 관심이 갔다. 아이비리그 대학답게 내 주변에는 평소였다면 만날 수 있는 기회가 흔치 않은 다양한 배경을 가진 동료들이 가득했다. 나는 그들과 함께 스타트업 커뮤니티 미팅에 활발히 참여했을 뿐만 아니라 교육대학원 외의 다른 단과 대학원, 가령 공학 대학원이나 법학 전문 대학원의 학생들과도 다양한 협업을 하는 과정에서 흥미로운 아이디어를 주고받고 인맥을 쌓아나갈 수도 있었다.

아이비리그 대학 커뮤니티를 통해 내가 누렸던 인적 네트워킹과 스타트업에서의 경험들은 미래형 인재를 키울 수 있는 교육 방법에 대해 보다 더 진지하게 고민하도록 이끌어주었다. 이번장에서는 한국과 중국 그리고 미국에서 내가 두루 경험했던 다양한 교육 프로젝트들에 대한 이야기를 나누고자 한다.

●

2004년 한국에서 추진했던 '하버드로 가는 길' 프로젝트

미국 대학에서 경제학을 전공하고 학부를 졸업한 이후 나는 서울에 위치한 한 학원의 아카데믹 원장으로 스카우트되어 잠시 한국에서 생활을 했던 경험이 있다. 그게 벌써 지금으로부터 20년 전인 2004년의 일이다. 초등학생 때 미국으로 이민을 떠나 줄곧 미국에서만 살았던 나는 그때 처음으로 한국의 교육 시장이 어떤지를 경험할 수 있었다. 그 무렵 한국에서는 영어권 나라로의 어학 연수, 미국 보딩 스쿨 및 미국 대학 입학에 대한 관심이 서서히 증가하는 분위기였다. 당시 내가 일하던 곳은 영어 회화 위주로 가르치던 학원이었는데 그곳에서 처음으로 미국 명문대 진학을 위한 SAT 여름 프로그램을 기획, 준비하는 과정에서 나는 미국 대학 입학을 둘러싼 학부모들의 열기를 직접 체험할 수 있었다.

그때 학원에서는 '하버드로 가는 길'이라는 테마로 미국 대학 입시 설명회를 진행했는데, 실제로 하버드대 출신 졸업생을 여름 캠프 강사로 섭외해 많은 학부모들의 호응을 받았던 기억이 난다. 이 행사를 계기로 내가 근무하던 학원은 성인 대상의 영어 회화 학원에서 SAT 준비를 위한 학원으로 학원의 정체성을 전환하는 데 성공했다. 이 학원에서 약 2년여 동안 일하면서 나는 한국의 교육 현실을 둘러싼 매우 중요한 사실을 깨닫게 됐다.

내가 일하던 학원의 학생들을 가만 살펴보니 이미 미국의 보딩스쿨을 다니며 좋은 환경에서 공부하는 유학생들이었음에도 불구하고 방학이 되면 대부분 한국으로 귀국해 SAT 학원에서 하루 종일 살거나 '스펙 쌓기'를 목적으로 교외 활동을 하고 있었다. 그래도 그 시절에는 SAT 학원에서 짜준 커리큘럼에 따라 주입식 학습을 하루 종일 하는 방식이 어느 정도는 효과가 있었다. 가령, 2004년에는 하버드대 전체 지원자 19,750명 중에서 10.3%가 합격의 문턱을 넘었다. 하지만 최근에는 지원자가 급격히 늘어나 2022년의 경우에는 61,221명이 하버드대에 입학 지원서를 냈다. 대학에서 뽑는 정원은 한정되어 있으니 합격률은 3.1%에도 미치지 못했다. 이제는 예전에 하던 방식처럼 단순히 고스펙만으로는 합격을 장담하기 어려워졌다. 내가 20년 전 한국 학원에서 진행했던 미국 대학 입학 설명회 프로그램인 '하버드로 가는 길'은 이제 막다른 길이 되어버린 것이다. 문제는 1장에서 이야기한 것처럼 오늘날 미국 명문대 입시 트렌드는 학업 성적보단 개인적 특성에 점점 비중을 두고 있는데 아직도 미국 대학 입시를 준비하는 대한민국의 학생과 학부모들은 어떤 식으로 준비해야 효과적인지에 대한 생각이 이전과 크게 달라지지 않았다는 사실이다.

한국에서는 학교가 끝난 뒤 학원에 가는 것을 매우 당연히 여긴다. 2022년 통계청이 발표한 '2021 한국의 사회 지표'에 따르면, 초중고 사교육 참여율 평균은 75.5%에 달했는데, 이는 2020년 코로나 유행 첫해에 감염 위험 등으로 사교육 참여율(2020년 사교육 참여율은 67.1%였음)이 위축되었던 것이 다시 증가세로 돌아섰음을 알려준다. 그에 따라 월평균 사교육비도 역대 최고를 기록했으며 특히 영어와 수학 학원 참여율이 높았다.

현재 한국 사교육 시장에서는 소위 '일타 스타 강사'를 내세운 온라인 플랫폼이나 대형 학원에서 입시 대비 수업이 운영되고 있다. 이들 기관에서 일하는 강사들 중 일부는 수십억 내지 수백억의 연봉을 벌어들인다. 쉽게 말해 시험 잘 보는 방법을 알려주는 족집게 방식의 과외 전문가가 학교 선생님과 같은 교육자보다 100배가 넘는 연봉을 받고 있는 셈이다. 그래서일까? 요즘 학생들에게 명문대를 나와 무엇을 하고 싶으냐고 물으면 이처럼 거액의 연봉을 받는 스타 강사가 되고 싶다고 대답하는 학생들도 적지 않다고 한다. 누군가를 가르친다는 것은 가치 있는 일이다. 하지만 학창 시절 공부를 잘했던 학생이 학원 강사가 되어 그저 시험 잘 보는 법을 아이들에게 알려주어 명문대 진학생을 배출하고, 그렇게 명문대에 진학한 학생이 다시 학원 강사가 되어 자신의 학생들에게 또 시험 잘 보는 법을 알려주는 식의 순환이 사회에 어떤 가치를 가지고 올까? 물론 자신만의 교육 철학을 가진, 존경할 만한 학원 강사 분들도 있다. 내가 문제의식을 가진 부분은 시험 잘 보는 법에만 치중된 한국의 교육 현실이었다. 처음으로 일했던 학원을 그만둘 무렵인 2006년 무렵 내 가슴속에는 이러한 고민이 조금씩 피어오르기 시작했다.

●
미국의 대치동,
교육의 메카 뉴욕 맨해튼에서

이후 미국으로 되돌아가 2011년, 맨해튼 32가 한인 타운에 위치한 교육 센터를 인수하게 됐다. 미국 교육 센터를 운영하면서 나는 한국뿐만 아니라 미국에서도 SAT 시험에 대비하기 위해 과외 위주로 커리큘럼을 운영하는, 지점만 해도 150군데가 넘는 프랜차이즈 학원이 있다는 사실을 알게 됐다. 대학 입학시험 대비를 위해 아이들의 학업 성적 관리에 열의를 쏟는 부분은 미국과 한국 두 나라 사이에 큰 차이가 없어 보였다. 오히려 당시 맨해튼

의 교육열은 서울 대치동의 그것보다도 더 높았다. '미국의 대치
동'이라 불리는 맨해튼의 어퍼 이스트 사이드Upper East Side에서 교
육 센터를 운영하는 동안 나는 자연스레 미국 내 학원 시스템을
배울 수 있었다. 더불어서 대학 재학 시절 쌓아온 인적 네트워크
와 다양한 교육 프로젝트 실습 경험을 바탕으로 나만의 관점과 아
이디어가 담긴 교육 프로그램들을 그 안에서 녹여볼 수 있는 기회
를 얻을 수 있었다.

당시 다양한 교육 프로그램들을 시도해봤는데, 지금 되돌아봤
을 때 가장 기억에 남는 프로그램이 하나 있다. 어떻게 하면 아이
들에게 더 재밌게 공부를 가르치고, 배움에 대한 동기부여를 해
줄 수 있는지에 관해 깊이 연구하던 나는, 재미와 동기부여라는
두 마리 토끼를 한 번에 잡을 수 있는 '게임을 이용한 교육' 프로
그램을 구체화한 적이 있다. 4~10세 아이들을 대상으로 한 교육
프로그램으로 레고 블록을 이용해 글로벌 시민으로서의 자질과
STEAM 교육을 하는 프로그램LEGO Civics & Language Immersion Program이
었다. 이 프로그램은 주말 수업의 경우 기차로 1시간 반이나 걸
리는 거리인 롱아일랜드에서까지 수업을 들으러 오는 아이들이
있을 정도로 히트를 쳤다. 아이를 이 수업에 보냈던 많은 학부모
님이 '이 프로그램은 아이들이 유일하게 토요일 아침 일찍 일어
나 자기를 꼭 데리고 가달라고 먼저 말하는 수업'이라고 말해줬

● 맨해튼과 서울 등에서 진행한 레고 프로젝트 수업 장면

던 기억도 난다.

이 프로그램은 산수, 정치, 경제, 테크놀로지 능력뿐만 아니라 소프트 스킬의 관점에서는 협업 능력, 발표력, 문제 풀이 능력도 발휘할 수 있도록 하는 것을 교육 목표로 정교하게 설계한 프로그램이었다. 하지만 수업에 참여하는 아이들 입장에서는 그저 레고 블록을 이용해 친구들과 게임을 하며 실컷 놀 수 있는 수업이었다. 이 프로그램을 기획하면서 나는 아이들이 공부를 꼭 해야만 하는 과제처럼 여기지 않고 놀이처럼 부담 없이 접근하게 하는 방식, 즉 동기부여의 방식이 무척 중요하다는 사실을 새삼 깨달을 수 있었다.

게임을 잘하기 위해서는 전략을 짤 줄 알아야 한다. 또한, 상대방을 알기 위해서는 그의 입장이나 감정에 공감할 수 있어야 한다. 한편, 게임 참여자들과 협력해서 결과적으로 이기기 위해서는 소통의 과정이 필요하며 리더십도 발휘해야 한다. 맨해튼 교육 센터에서 내가 만든 교육 프로그램은 미래를 살아갈 아이들이 꼭 함양해야 하는 매우 중요한 소프트 스킬들을 고루 녹여낸 교육 프로그램이었다. 즉, 레고 블록이라는 아이들이 좋아하는 도구를 활용해 그것으로 도시를 만들어가는 과정에서 아이들이 미래의 시민으로서 필요한 스킬들을 배울 수 있도록 놀이처럼 구성한 덕분에 내가 만든 교육 프로그램이 미국에서도 최고의 교육열을 자랑하는 맨해튼에서 소위 말하는 '먹히는 프로그램'이 됐던 것이다.

레고 프로그램을 론칭하고 성공적인 결과를 얻은 것에 고무된 나는 이번에는 중·고등학생을 대상으로 여름 캠프 프로그램을 설계했다. 나는 대학 시절의 네트워크를 활용해서 컬럼비아대 기숙사를 렌트하여 학생들이 맨해튼 전체를 학습 공간으로 활용할 수 있도록 했다. 또한, 대학원 시절의 지도 교수님, 당시 함께 수업을 들었으며 이제는 교육자로 현업에 종사 중이었던 동료와 대학원생들을 섭외해 여름 캠프 프로그램을 구축했다. 이를 통해 학생들이 전문가 집단과 협업해 제시된 문제들을 해결해나갈 수 있도록 했다. 이 여름 캠프에 대한 구체적인 내용은 이 책의 뒷부분에서 보다 더 자세히 확인할 수 있다.

이 프로그램은 학생들이 STEM처럼 미래에 필요한 학문적인 기술을 배우는 것에 중점을 두기보다는 글로벌 인재가 되는 데 필요한 '스타트업 창업 마인드'를 키우는 것에 더 큰 비중을 두고 만들어졌다. 이 여름 캠프 프로그램에 참여해 자기만의 개인 프로젝트를 추진했던 학생은 이때의 경험을 포트폴리오로 삼아 실제로 미국 상위권 대학원에 진학하기도 했다. 현재 이 프로그램은 디자인 씽킹을 통해 보다 더 구체화하고 발전시켜서 전 세계 초·중·고등학생들을 대상으로 한 100% 영어 융합 프로그램으로 운영하고 있을 정도로 그 교육적 효과가 입증된 성공적인 프로그램이라고 단언한다.

●

급속도로 성장 중인
중국의 교육 시장

맨해튼에서 교육 센터를 운영한 지 약 3년 정도에 접어들었을 무렵, 내게 큰 결단을 해야 하는 일이 찾아왔다. 중국 상하이에서 한국인이 설립한 교육 스타트업이 중국 교육 대기업에 인수 합병됐는데, 해당 기업에서 내게 함께 일해보자며 스카우트 제안이 들어온 것이다. 이 중국 교육 대기업은 회사를 미국으로 진출시키는 일을 담당할 사람이 필요했고 내게 그 자리를 맡아줄 수 있는지 연락이 온 것이었다.

내가 맡아야 하는 직무가 무엇인지 들어보니 SAT를 비롯한 미국 대학 입학 컨설팅이 주된 업무였다. 단순히 학생들의 대학 입학을 돕는 일보다는 아이들을 교육적으로 성장시킬 수 있는 방향의 일을 하고 싶었던 나는 처음엔 이 스카우트 제안이 썩 탐탁지 않았다. 하지만 제안을 단박에 거절할 수만도 없었다. 빠른 성장세를 보이는 회사였던 데다 전 세계적으로 분야를 막론하고 급부상 중인 중국 시장을 직접 경험해볼 수 있는 좋은 기회였기 때문이다. 결과적으로 나는 스카우트 제안을 수락하고 새로운 변화의 시간에 몸을 맡겼다.

미국 유학과 영어 공부에 대한 교육열을 이미 한국에서도 경험한 바가 있었기 때문에 그와 유사한 형태의 교육열을 보였던 중국 교육 시장을 파악하는 일은 그다지 어렵지 않았다. 나는 중국 내 수많은 도시를 오가며 세미나 등을 통해 미국의 교육 트렌드에 관한 발표를 하며 수천 명에 달하는 중국 및 아시아 학생들과 학부모들을 만날 수 있었다. 중국이 경제 분야는 물론이고 산업 전반에서 매우 빠른 속도로 성장하기 시작하면서부터 미국 내 아시아계 학생들의 분포 역시 급격히 변화했다. 가령, 미국 유학을 선호하던 한국 교육 시장의 열기는 다소 식어가는 분위기인데 반해, 한국 유학생들이 빠진 자리를 중국 유학생들이 차지하는 식이었다. 이윽고 언젠가부터 중국인 유학생들이 미국 내 유학생들 중 가장 많은 비율을 차지하게 되는 수준까지 다다랐다.

그렇다면 한국인들의 미국 유학 선호 열기는 이전보다 왜 수그러들었을까? 짐작건대 취직 문제 등이 중요한 원인으로 작용하지 않았을까 싶다. 나의 제자들 중에도 미국 내 명문대를 졸업하는 등 좋은 학력 조건을 갖췄음에도 불구하고 한국에서 취직이 쉽지 않은 경우가 많았다. 여기에는 여러 이유들이 작용했겠지만 가장 큰 요인은 예전에 비해 유학생들의 숫자가 부쩍 늘어났고, 명문대를 졸업한 학생들의 수 역시 기하급수적으로 많아졌기 때문이라고 여겨진다. 쉽게 말해 공급이 넘치는 것이다. (다른 선진국들과 견주었을 때) 채용 규모가 작은 한국 시장에서 고학력은 이제 더 이상 채용 과정에서 특별한 메리트로 작용하지 않게 됐다. 일정 수준 이상의 학력 조건을 요구하는 대학이나 연구 기관 등이 아니라면 더더욱 그렇다. 과거에는 유학을 통해 갈고닦은 유창한 영어 실력과 아이비리그급의 미국 명문대 졸업장만 갖고 있으면 취업 시장에서 차별화 포인트를 가질 수 있었지만, 이제는 시대가 달라진 것이다.

미국 보딩 스쿨에 대한 선호도 역시 비슷한 추세를 보였다. 한국에서는 한때 중·고등학생인 자녀를 미국 내 보딩 스쿨로 진학시키는 조기 유학도 굉장히 유행이었는데 이 역시 예전보다 그 열기가 수그러든 편이다. 한국이나 인근 동남아시아 국가들 내의 국제학교 비율이 늘어났기 때문이다. 비용이나 물리적인 이동 시간 등을 고려했을 때 미국 보딩 스쿨 진학보다 오히려 한국이나 동남아시아 내 국제학교에서 영어 실력을 키우는 편이 더 경제적이고 효율적이라고 생각하는 사람들이 많아졌다. 이와 같은 변화에 따라 미국의 많은 SAT 대비 학원이나 유학 알선 업체들은 유학생 유입 가능성이 더 큰 중국 시장으로 방향을 틀었고, 미국 보딩 스쿨 및 대학으로 향하는 중국인 지원자 수 역시 폭발적으로 증가했다.

과거 중국 사회에서는 계급에 따른 신분 격차가 존재했는데, 최근에는 학벌로 계급을 나누는 분위기가 은연중에 존재한다. 중국도 한국의 수능과 같은 시험인 '가오카오高考'의 결과로 인생의 상당 부분이 결정되는 구조다. 가오카오는 1952년 처음 시작되어 문화대혁명 기간을 제외하고 지금까지 시행 중인 중국의 대입 제도인데, 중국의 명문대인 베이징대나 칭화대에 들어가려면 가오카오에서 좋은 성적을 거둬야만 한다. 그렇기 때문에 중국 학생들은 이 시험에서 좋은 점수를 얻는 것을 목표로 학령기 내내 학업에 전념할 수밖에 없는 시스템이다. 그런데 중국이 비약적인 경제성장을 이뤄나가던 시기, 상당수의 사업가들이 외국과 무역을 하거나 전문 경영인으로서의 소양을 쌓기 위해 미국 등지에서 MBA(경영학 석사) 과정을 거치면서 자신의 자녀들은 중국의 교육 시스템을 벗어나 미국에서 유학하며 더 넓은 세상을 경험하고 학력 커리어를 쌓는 것을 선호하게 됐다.

여기에 더해 한때 인구의 급격한 증가를 방지하기 위해 중국에서는 1979년부터 2015년까지 한 자녀 정책을 시행한 적이 있는데, 이 역시 중국 내 미국 유학 붐을 일으키는 데 일정 부분 일조했다고 여겨진다. 아무래도 자녀가 한 명뿐이면 부부의 모든 관심과 자원을 자녀에게 투입하게 되는데, 교육에서는 이러한 경향이 더 강하게 반영되기 마련이다. 이처럼 중국 내 미국 유학 열풍이 점차 거세지는 분위기 속에서 중국 교육 시장을 경험하게 된 것은 교육 컨설턴트로서 유용한 자산으로 남게 됐다.

이처럼 나는 지금까지 한국과 미국 그리고 중국에서 교육의 최전선이라 할 수 있는 입시, 그것도 미국 아이비리그 입시와 관련된 일을 오랜 기간 해왔다. 그 과정에서 나는 본질적인 두 가지 문제를 융합시키고자 고심하고 노력해왔다. 하나는 내가 가르치는 아이들이 실제 입시에서 성공적인 결과를 얻을 수 있으려면 어떻게 해야 할지에 관한 고민이었다. 이것은 '현재 교육'에 관한 고민이었다. 또 다른 하나는 여기에서 한 발 더 나아가 아이들이 '공부하는 기계'로 살아가는 것이 아니라 다가올 미래에 자신의 능력을 제대로 펼칠 수 있도록 근본적인 자질을 키워주는 교육에 대한 고민이었다. 이것은 '미래 교육'에 관한 고민이었다. 이 두 가지 고민 사이에서 탁월한 해답을 모색하던 나는 미국의 명문 보딩 스쿨의 커리큘럼을 기획하면서 내가 찾던 답을 얻을 수 있었다.

미국 최고 엘리트 보딩 스쿨에서 본 변화의 흐름

나는 컬럼비아대에서 교육 석사 과정을 공부하며 테크놀로지나 컴퓨터 프로그래밍 전공 수업에서 여학생들의 참여도를 높일 수 있는 방안에 관한 연구를 주제로 논문을 집필했다. 보통 공학이나 컴퓨터 관련 수업은 흔히 '남성적'인 과목이라고 여겨져서인지 여학생들의 참여가 낮은 편이다. 나는 이러한 현상에 문제의식을 갖고 여학생들이 성별 스테레오타입에 얽매이지 않고 공학 수업에도 관심을 갖고 참여할 수 있는 효과적인 교육 방식을 모색하고 싶었다.

그런데 내가 졸업 논문을 발표한 그해에 '미스 포터스 스쿨Miss

Porter's School'이라는 학교에서 내 졸업 논문을 보고 논문의 내용을 반영한 프로그램을 설계해 방과 후 수업으로 개설해보면 어떻겠냐는 제안을 해왔다. 미스 포터스 스쿨은 미국 코네티컷주에 위치한 사립여고로 미국 명문 보딩 스쿨 중 하나로 손꼽히는 곳이다. 케네디 대통령의 부인인 재클린 케네디를 비롯해 미국 명문가 여성들 중 많은 이들이 181년의 전통을 자랑하는 이 학교를 졸업했다. 기부금 펀드 규모도 1억 5천 달러가 넘을 만큼 재정적으로도 탄탄한 곳이다.

이렇게 여러모로 안정적으로 운영되고 있는 학교임에도 불구하고 미스 포터스 스쿨의 교장 선생님께서는 급격한 세상의 변화를 염려하며 어떻게 해야 학생들에게 미래를 대비할 수 있는 교육을 할 수 있을지 고민이라고 말씀하셨다. 더불어서 현장의 교육 혁신을 위해서는 나처럼 창업가 마인드를 가지고 있으며 글로벌 교육 현장에서의 경험이 많은 전문가가 필요하다고 이야기하셨다.

미국 동부의 기숙학교들은 어지간한 대학보다 학비가 비싼 편이다. 가령, 미스 포터스 스쿨의 경우 기숙사 이용비를 포함해 1년 동안 들어가는 전체 학비가 7만 달러(한화로 약 9,300만 원) 정도다. 현재 미국 내에서는 혁신 공립학교, 온라인 학교가 증설되고 있는 것은 물론이고, 언스쿨링Unschooling(학교 교육과정을 집에서 가르치는 것이 아니라 아이가 직접 배우고 싶은 것을 결정하는 것)과 홈스쿨링을 하는 학생들의 비율도 늘어나는 추세다. 이런 상황에서 고액의 학비가 드는 기숙형 사립학교가 과연 20~30년 후에도 존재할수 있을까? '가성비'에 민감한 젊은 세대들은 수억의 학비가 드는학교에 자신의 자녀들을 보낼까? 이들 학교가 비슷한 과목을 가르치는 공립학교들과 차별성을 가지려면 어떤 커리큘럼을 운영해야 할까? 미스 포터스 스쿨의 교장 선생님과 면담을 나누는 자리에서 나는 교장 선생님께서 내게 새로운 교육 프로그램의 운영을 제안한 것이 단순히 교육 혁신을 위해서만은 아니라는 생각이들었다. 사회의 변화에 걸맞은 교육 프로그램을 운영하지 못해사회가 원하는 인재를 배출해내지 못한다면 이는 곧 학교의 존폐여부와도 이어지게 되는 생존의 문제였다.

이러한 인식을 바탕으로 교장 선생님께서는 내게 모든 신입생이 들어야 하는 필수 과목을 가르치는 시간 외에는 근무 시간 중에 자율적이고 혁신적으로 교육 프로그램을 설계해서 마음껏 시도해보라는 권한을 주셨다. 보통 보딩 스쿨 선생님은 '트리플 스렛Triple Threat'이라고 해서 선생님인 동시에 학생들의 기숙사 생활을 관할하는 부모이자, 학생들의 심신 건강을 돕는 스포츠 코치로서의 역할이 기대되고 주어진다. 그런데 교장 선생님께서는 전형적인 보딩 스쿨 선생님으로서의 역할이 아닌, 교육 혁신가로서의 역할을 부여해준 것이었다. 미국 동부의 유서 깊은 명문 보딩 스쿨의 경우 선생님도 굉장히 보수적인 기준을 적용해 신중하게 선발하는데, 이런 방식의 채용과 전권 위임은 명문 보딩 스쿨 커뮤니티 내에서도 화제가 될 만큼 커다란 사건이었다.

미국 보딩 스쿨은 최고 엘리트 교육 기관으로 여겨지다 보니 교장, 교감, 입학사정관, 학장 등 학내 중요한 의사결정권을 가지고 있는 스태프들은 몇 십 년간 교육 분야에서 커리어를 쌓아온 백인들이 대부분이다. 선생님들의 학력도 대개 석사 이상이 기본이고, 심지어 교수급 정도의 이력을 가진 사람들도 많다. 그동안 담당했던 학생들의 학부모들을 대신해 미국 동부의 많은 보딩 스쿨을 다녀본 나는 내게 주어진 이 기회가 흔치 않은 상황임을 너무도 잘 알고 있었다. 이런 전통 깊은 학교에서 동아시아계 이민자가 학생들이 배우는 모든 커리큘럼에 직접적으로 영향을 미칠 수 있었던 경우는 그때까지 내 경험에 비춰봤을 때 한번도 없었다.

비슷한 시기 또 다른 미국 최고 명문 보딩 스쿨들은 AP 수업을 없애는 추세였다. 이 추세에 발맞춰 미스 포터스 스쿨도 융합적이며 프로젝트에 기반한 수업 방식으로 커리큘럼을 바꾸기 시작했다. 그러한 교육 혁신의 선두에 내가 위치하고 있다는 사실이 무척 감격스러웠다. 나는 이후 미스 포터스 스쿨에서 '미래 교육 디렉터'라는 직함으로 일하며 다양한 교육 커리큘럼을 설계했다. 특히 내가 힘주어 설계한 프로그램은 9학년 필수 과목인 'Technology, Innovation, and Entrepreneurship'(이하 TIE)였다. (이 프로그램을 비롯해 내가 미스 포터스 스쿨에서 진행했던 다양한 교육 커리큘럼에 대해서는 이 책의 뒷부분에서 자세히 설명할 예정이다.) 이 수업은 학생들에게 빠르게 변하고 있는 기술과 혁신 상황을 알려주는 것은 물론이고, 재학생들이 코네티컷 외의 다른 주나 해외에서 온 학생들과 협업해서 문제적 상황을 창의적으로 해결할 수 있는 방법을 모색하도록 구성됐다. 이러한 창의적 해결 방법은 이후 스타트업 창업 등과도 연계될 수 있도록 설계했다.

나는 교내에서 열리는 커리큘럼 위원회에도 정기적으로 참여해 학내 교육 관계자들이 학교의 미래 교육 방향에 대한 인사이트를 가질 수 있도록 내가 경험하고 배운 지식들을 적극적으로 공유했다. 학교 교육을 근본적으로 혁신하고자 한다면 단순히 커리큘럼 변화만으로는 충분하지 않다. 특히나 기숙학교라면 기숙 생활 패턴, 평가 방식, 스케줄, 선생님 트레이닝, 휴식 공간, SEL Social Emotional Learning(사회적 감정 학습) 등이 두루 고려돼야 한다. 최근에는 'DEI Diversity, Equity, and Inclusion'라고 해서 다양성, 평등, 포용 등의 가치도 교육 커리큘럼에 적극적으로 포함돼야 했다. 이렇게 구성된 커리큘럼은 이후 보다 더 전문적인 교육 컨설턴트와의 토론을 통해 검증과 피드백을 받는 과정도 거쳤다.

이와 같은 혁신적인 수업 과정에 대한 반발도 물론 있었다. 몇십 년간 같은 방식으로 가르쳐온 선생님들과 그것에 익숙했던 학부모들이 나의 혁신적인 교육안에 반대했던 것은 어찌 보면 당연한 일이었다. 이분들을 설득하기 위해 학부모 설명회도 수차례 해야 했다. 그만큼 새로운 교육 프로그램을 적용하는 과정에서 시행착오들이 발생했지만, 내가 미스 포터스 스쿨에 재직하며 프로그램을 운영하던 4년간의 시간을 되돌아보면 그 결과가 매우 성공적이라고 말할 수 있다. 내가 만든 TIE 프로그램 참여도는 시행 이듬해부터 전교생의 20%가 참여할 만큼 학생 호응도가 높았다. 또한, 해당 프로그램에 참여했던 학생들이 하버드대, 코넬대, UCLA, 카네기멜론대, 존스홉킨스대, 브라운대, 혁신대학 미네르바 같은 곳에 대거 진학하는 쾌거를 이뤘다. 학생들 중에 컴퓨터공학이나 스타트업 창업에 관심을 갖게 된 아이들도 많아져서 이후 학생들의 전공 선택에 큰 영향을 미치기도 했다. 현재 TIE 프로그램은 미스 포터스 스쿨을 대표하는 시그니처 프로그램으로 자리를 잡았다.

미래 교육의 방향성을 발견하다: 미네르바 대학과 이스라엘 대학

미국도 한국과 마찬가지로 아직까지는 상당수 학교에서 20세기 교육 방식으로 아이들을 가르치고 있다. 최고의 커리큘럼으로 학생들을 가르친다는 학교들의 AP 커리큘럼만 봐도 토론식 수업이나 학습 주제를 둘러싼 심화 수업보다는 암기나 문제 풀이 방식으로 진도를 나가는 경우가 태반이다. 하지만 이처럼 과거를 답습하는 방식의 학습 방법은 AI가 인간의 역할을 대신할 수 있는 오늘날의 실정과는 이제 어울리지 않는 커리큘럼이다. 그렇다면 22세기를 향해가는 지금, 어떠한 교육 방식으로 가르쳐야 우리 아이들이 미래에 경쟁력을 가지고 살아나갈 수 있을까? 나는 그 해답의 롤모델을 미네르바 대학과 이스라엘 대학에서 찾을 수 있었다.

우선 미네르바 대학부터 살펴보자. 한국 사회에서 미네르바 대학은 흔히 '하버드대보다 들어가기 어려운 대학' 내지 '미래 혁신 대학'으로 널리 알려져 있다. 실제로 미네르바 대학은 국제경쟁력연구원이 선정한 '2023 세계 혁신대학 랭킹'에서 1위를 차지하기도 했다. 미네르바 대학은 2010년 미국의 한 벤처 기업의 투자로 설립된 대학으로 샌프란시스코에 대학 본부가 있다. 흥미로운 점은 샌프란시스코 대학 본부에는 캠퍼스가 아닌 오직 기숙사만 있다는 사실이다. 미네르바 대학이 별도의 캠퍼스가 없는 이유는 수업이 100% 온라인으로만 진행되기 때문이다. 수업 내용도 로컬 재단이나 기업, 지역사회 등에 존재하는 문제들을 해결하는 방식의 프로젝트 수업 중심으로 이뤄진다. 미네르바 대학 재학생들은 한국, 대만, 인도, 아르헨티나, 영국, 독일 등 세계 여러 나라를 한 학기마다 옮겨 다니면서 각 지역사회에 존재하는 문제들을 다채로운 방식으로 풀어내는 과제를 수행해나간다. 미네르바 대학의 교육 내용은 각국의 문화와 로컬 시장을 이해할 수 있는 공감 능력, 함께 문제를 해결해나가는 재단이나 동료들과의 협업 능력을 요구하는 프로젝트 기반의 교육이다.

나는 미네르바 대학의 커리큘럼이 미래 사회에 요구되는 교육이 무엇인지 보여주는 가장 적절한 시스템이라고 생각한다. 이러한 소신을 바탕으로 나는 현재 '스토니브룩 스쿨Stony Brook School'이라는 뉴욕 소재 중·고등 기숙학교에서 100% 온라인으로만 이뤄지는 수업을 론칭해 그중에서도 '열정 아카데미'를 담당하는 디렉터로서 활동 중이다. 참고로 스토니브룩 스쿨은 1945년에 이미 이곳에 한국 유학생이 입학한 역사가 있는 유서 깊은 학교로 지금도 한국 유학생들이 비교적 많은 기숙학교다.

스토니브룩 스쿨 외에도 최근 미네르바 대학에서 운영하는 교육 커리큘럼과 유사한 프로그램을 나는 미스 포터스 스쿨에 도입했는데, 그 학교에 재학 중이던 한국인 유학생 제자가 실제로 미네르바 대학에 진학하기도 했다. 이 학생은 제주도에서 국제학교를 다니다가 여학생들만 다니는 미국 보딩 스쿨로 유학을 온 케이스였는데, 여러모로 총명하고 재기가 반짝이는 친구여서 기억나는 일화들이 꽤 있다.

나는 모든 신입생들이 꼭 수강해야 하는 필수 과목인 TIE 수업 시간에 전체 학생들에게 이런 질문을 던진 적이 있다. "여러분들은 미래에 어떤 직업을 갖고 싶은가요?" 나의 질문에 대부분의 학생들은 의사, 엔터테이너 또는 사업가가 되겠다고 답했다. 그런데 이 학생은 굉장히 독특하고 기발한 대답을 해서 나를 비롯해 반 전체를 놀라게 했다. "선생님, 저는 아무도 없는 무인도에서 편히 살고 싶습니다. 돈을 어마하게 벌어서 말이죠." 이 대답을 들은 이후로 평범한 친구는 아니라는 생각에 이 학생의 수업 태도 등을 유심히 주시하게 됐다.

그 무렵 이 학생은 블록체인 기술에 굉장한 관심을 보였다. 가상화폐 및 NFT에 대한 관심이 사회적으로 높아가던 때였다. 그 모습을 보고 나는 미국 고등학교 중에서는 거의 최초로 블록체인 기술을 가르치는 수업을 이 학교의 커리큘럼에 넣게 됐다. 단 한 명의 학생이 관심을 보이는 분야라고 할지라도 그 수업을 학교의 정규 커리큘럼에 반영하는 것이 학교가 바라는 혁신적인 미래 교육의 방향성에 가깝다고 생각했기 때문이다.

이후 이 학생은 MIT 옆에 있는 마이크로소프트 R&D 센터에서 주최한 고등학생 해커톤 대회에 참여해 무려 전체 2등이라는 성과를 거뒀다. 이것을 계기로 이 학생은 컴퓨터공학에 대한 관심도 키워나가기 시작했다. 제주에서 국제학교를 다닐 때의 성적으로만 따지자면 이 학생은 최상위권에 들 만큼의 점수는 얻지 못했던 학생이다. 그런데 새로운 교육 환경에서 자신이 관심을 가진 주제를 발견해 그와 관련된 다양한 활동을 해나가면서 자신이 진로로 삼고자 하는 분야에 대한 열정을 키우게 된 사례다. 이 학생의 경우 무엇보다 동기부여가 확실히 된 상태였고, 블록체인 기술을 이용해 세상에 긍정적인 영향을 주겠다는 목표 또한 확실했기 때문에 다각적인 교내외 활동을 실천할 수 있었다. 가령, 그때까지 교내에 없었던 블록체인 동아리를 스스로 조직했다거나 친구들에게 신기술에 대해 알려주는 워크숍 등을 기획하는 식이었다. 해커톤 참여도 그 일환 중 하나였다. 결국 자기주도성을 발휘하며 인상적인 성취를 만들어나갔던 이 학생은 합격률이 1%도 되지 않는 미네르바 대학에 진학할 수 있었다. 자신의 진로 목표와 비전이 확실했고, 이를 위해 미래 사회가 원하는 소프트 스킬을 지속적으로 연마한 덕분에 얻을 수 있었던 결과다. 이와 같은 학생들을 배출할 수 있는 시스템을 갖추는 것. 그것이 내가 생각하는 미래 교육의 방향성이다.

●

글로벌 스타트업 창업자들이 가장 선호하는 대학

다음은 스타트업 창업자들이 선호하는 학부 글로벌 대학교 랭킹을 정리한 표다. 이 랭킹은 벤처 캐피탈이 해당 대학에 투자한 금액과 전체 스타트업 기업의 창업자들 중 해당 대학에 재학 중이거나 졸업한 사람들의 수로 결정된다. 이 랭킹의 상위권 20위를 살펴보면 1위 스탠퍼드대를 비롯해 대다수의 미국 명문대가

Ranking		University	Founder count	Company count	Capital raised
1		Stanford University	1,435	1,297	$73.5B
2		University of California, Berkeley	1,433	1,305	$47.5B
3		Harvard University	1,205	1,086	$51.8B
4		University of Pennsylvania	1,083	993	$34.0B
5		Massachusetts Institute of Technology (MIT)	1,079	959	$46.0B
6		Cornell University	856	807	$30.0B
7		Tel Aviv University	825	692	$26.3B
8		University of Michigan	800	736	$25.3B
9		University of Texas	742	677	$15.8B
10		University of California, Los Angeles (UCLA)	639	615	$17.2B
11		Yale University	638	594	$24.0B
12		University of Southern California (USC)	609	564	$28.8B
13		Princeton University	607	571	$30.4B
14		Columbia University	606	569	$19.3B
15		University of Illinois	586	552	$20.8B
16		Technion - Israel Institute of Technology	574	494	$16.5B
17		Indian Institute of Technology, Bombay	551	431	$16.4B
18		New York University	544	513	$16.8B
19		Duke University	530	506	$17.4B
20		Brown University	522	487	$31.5B

● 글로벌 대학 순위

점령하고 있음을 알 수 있다. 그런데 7위와 16위를 기록한 두 학교는 국적이 다르다. 7위를 달성한 텔아비브대와 16위를 기록한 테크니온 이스라엘 공과대는 이스라엘의 대표적인 명문대들이다.

참고로 서울대는 이 랭킹에서 78위를 차지했다. 인구수와 국토 면적이 대한민국의 20% 수준에 불과한 이스라엘은 어떻게 세계

78		Seoul National University	218	190	$5.5B
79		London School of Economics		210	$4.8B
80		Michigan State University		206	$3.5B
80		California State University		208	$7.9B
82		University of Melbourne		195	$3.9B
82		University of Sydney		206	$4.9B
84		Virginia Tech		200	$4.4B

Top 5 by capital raised
Seoul National University

Company	Capital raised
Toss	$1.2B
Dunamu	$575M
Hyperconnect	$348M
True Balance	$260M
SendBird	$221M

● 서울대 순위

최고 대학교들과 경쟁할 수 있는 수준에 다다랐을까? 서울대와 이스라엘 대학들 사이에 이와 같은 랭킹 차이가 나는 이유를 크게 2가지로 본다.

첫 번째 이유는 '교육 환경'이다. 자녀교육에 관심이 있는 부모님들이라면 한 번쯤 '하브루타 교육'에 관해 들어본 적이 있을 것이다. 하브루타는 짝을 이뤄 질문을 주고받으며 특정한 주제에 대해 토론하는 유대인 특유의 교육 방식이다. 하브루타는 주제에 대한 답을 찾아나가는 과정에서 자신이 알고 있는 지식을 다시 한번 점검할 수 있을 뿐만 아니라 상대의 말을 경청하는 가운데 다양한 관점과 정보를 얻을 수 있는 탁월한 교육 방식이다. 전 세계의 여러 분야에서 성공한 이들 가운데 유독 유대인이 많은 이유로 이러한 하브루타 방식의 교육법이 손꼽히기도 한다. 한국에서도 저학년을 대상으로 한 자녀교육서나 논술학원 등에서 하브루타 교육법을 내세우는 경우를 많이 볼 수 있다.

문제는 한국의 교육 상황에서는 자녀의 학년이 점차 올라가고 중고생이 되면 부모가 하브루타 방식의 교육을 고수하기 어렵다는 점이다. 한국 대학 입시의 특성상 토론식의 하브루타 교육은 현실적으로 성공적인 입시에 그다지 도움이 되는 편도 아닌 데다 대다수의 한국 학생들은 문화적으로 자기 생각을 설명하고 논쟁하는 방식보다는 홀로 공부하고 암기하는 교육 방식에 더 익숙해져 있는 상태다. 따라서 유아 시절에는 유대인과 비슷한 교육 환경에서 아이들을 키운다 하더라도 당장 초등 3~4학년 이후부터는 아이들의 공부 분량이 늘게 되면서 한국 대학 입시 실정에 맞지 않는 하브루타 교육 방식은 자연스레 뒤로 미뤄지게 된다. 쉽게 말해 '좋은 건 아는데 이 방식으로는 대학에 갈 수 없다'는 인식이 사회 전반에 자리해 토론식 교육, 사고력을 키워주는 교육을 할 수 있는 분위기가 아닌 것이다.

두 번째 이유는 '글로벌 감수성'을 기를 수 있는 환경의 차이다. 이스라엘과 한국은 둘 다 IT 강국이지만, 이스라엘의 스타트업은 한국의 스타트업과는 다른 양상을 띤다. 전 세계 수많은 글로벌 다국적 기업의 연구 개발 사업 거점이 이스라엘에 있다는 사실을 알고 있는가? 이스라엘은 세계를 무대로 활약하는 스타트업을 다수 배출하는 국가로 명성이 높다. 그런데 그 이유는 다소 아이러니하다. 이스라엘은 내수 시장이 무척 작기 때문에 글로벌 사회를 무대로 삼아야만 활로를 찾을 수가 있다. 즉, 창업의 시작 단계부터 전 세계를 대상으로 한 기획과 연구 개발이 이루어진다. 여기에 더해 정부의 적극적인 지원과 이스라엘 내 풍부한 연구 기술 개발 인프라가 글로벌 시장 진출에 강력한 도움을 준다.

반면, 한국 대학 내 스타트업들은 일차적으로 한국 내수 시장을 목표로 한다. 한국 정부 역시 이스라엘 정부처럼 글로벌 시장으로 진출하려는 스타트업에 자본금과 인프라를 지원하고 있긴 하지만 그 규모가 아직까지 세계 평균에 견주면 부족한 실정이다. 실제로 한국 스타트업이 해외 시장 진출에 성공한 사례는 비교적 드물다. 오히려 목적이 변질된 사례도 종종 보인다. 세상에 존재하는 문제를 해결하기 위한 상품이나 서비스를 개발하겠다는 목적으로 창업을 하는 것이 아니라 스펙 쌓기 내지 젊은 시절에 할 수 있는 특별한 경험쯤으로 여기고 스타트업 창업을 하는 사람들도 늘고 있다. 다양한 자격증을 모으는 것처럼 창업이라는 경험을 하나의 스펙으로 활용함으로써 안정된 대기업에 입사하려는 것이다.

한국과 이스라엘은 기술력 등의 측면에서는 커다란 차이가 없어 보이지만, 교육에 접근하는 방식이 다르고 사회에서 스타트업을 바라보는 시각도 무척 다르다. 이를 이해하기 위해서는 '창업가 정신Entrepreneurial Mindset'이라는 단어의 뉘앙스가 두 사회에서 어떻게 다른지를 알아볼 필요가 있다. 최근 미국 아이비리그 중 하나인 코넬대의 총입학사정관이 이런 말을 한 적이 있다. "우리는 창업가 정신을 가진 학생을 좋아한다." 한국에서의 '창업創業'이란 단어와 영어 단어의 'Entrepreneur'는 그 사용 맥락이나 뉘앙스가 조금 다르다고 여겨진다. 가령, 한국에서는 커피숍이나 치킨집을 오픈해도 '가게를 창업했다'라고 이야기한다. 한국에서의 '창업'은 규모나 가게 및 회사를 열 때의 목적 등과 관계없이 새로운 사업을 시작했을 경우 두루 '창업했다'라는 표현을 쓴다.

그런데 영미권 사회에서 'Entrepreneur'는 그 의미에 있어 한국어의 '창업'보다 조금 더 세밀하게 파고드는 지점이 있다. 즉, 단순히 가게를 새로 연 사람에게는 'Entrepreneur'라는 말을 쓰지 않는다. 'Entrepreneur'는 모험적인 사업가 내지 기업가를 부르는 단어로 불확실한 상황에서도 리스크를 감수하며 새롭고 진취적인 도전을 하는 이들을 일컫는다. 이러한 맥락에서 '창업가 정신'은 보다 더 높은 차원의 개인적 자질을 요구한다. 가령, 맨땅에 헤딩을 할 수 있는 도전 정신, 자금 조달을 위해 투자자를 설득할 줄 아는 의사소통 능력, 조직을 효과적으로 이끄는 리더십 등이 대표적이다. 이 중에서도 창업가 정신의 핵심 능력은 문제를 해결하기 위해 디자인 씽킹을 하고 협업하여 결과적으로는 소비자의 공감을 얻어내는 능력이다.

사실 이와 같은 창업가 정신을 가지고 스타트업을 시작한다 해도 대개의 경우 처음에는 크고 작은 실패를 경험하기 마련이다. 하지만 영미권 사회는 실패를 한다고 해도 대체로 다시 일어설 수 있는 기회가 주어지는 편이다. 실패에 대해서도 굉장히 관대하다. 가령, 2009년 샌프란시스코 실리콘밸리에서 시작된 '페일콘FailCon'이 대표적이다. 페일콘은 창업자와 투자자 등 기업 관계자들이 모여 자신의 실패 경험을 공유하고 실패의 이유를 분석하면서 해법을 논하는 자리다. 실패를 감추기보다 드러내고 공유함으로써 이를 통해 재도약의 기회를 독려하는 사회적 분위기를 알 수 있다. 반면, 한국은 한 번의 실패가 경제적으로나 사회적으로 커다란 장애로 작용하는 편이다. 상당수의 학생들이 자신의 진로로 공무원이나 선생님, 혹은 의사나 변호사 같은 전문직을 선호하는 것도 이러한 연장선상에서 벌어지는 일이라고 생각된다.

물론 한국에서도 학생들의 창업가 정신을 고취시킬 수 있는 새로운 교육을 시도하기 위한 노력이 없었던 것은 아니다. 서울대의 경우 2022년 가을, '서울대학교 중장기 발전계획' 보고서를 발표해 AI 인재 등을 육성하기 위한 입시제도 변화, 디지털 대전환 시대를 주도할 교육 및 연구 프로그램 개발 등의 장기 발전계획을 공개한 바 있다. 하지만 이러한 개혁안들이 글로벌 트렌드에 비해서는 그 반응 속도가 여전히 느린 듯 보이는 것이 사실이다. 단편적인 예로 벤처 투자 금액만 봐도 서울대는 텔아비브대의 1/8 수준밖에 되지 않는다. 엄밀히 말해 한국 대학의 청년 스타트업 펀딩과 프로그램들은 아직까지 글로벌 경쟁력이 없다고 볼 수 있다. 남들이 이끄는 대로 따라 가기에 급급한 방식으로 공부를 하던 학생들이 대학에 입학했다고 해서 하루아침에 창업가 정신을 가진 사람으로 변화하기란 쉽지 않다.

글로벌 교육의 최전선에서 다양한 교육 현장을 경험해온 입장에서 나는 앞에서 설명했던 미네르바 대학과 이스라엘 대학의 두 가지 모델이 오늘날 가장 필요한 교육 모델이라고 확신한다. 현재에 안주하지 않고 미래에 글로벌 시장으로 성공적으로 나아가기를 원하는 학생과 학부모라면 이 두 대학이 보여준 비전을 유의미하게 살펴봐야 할 것이다.

지금 한국의 교육은
어떠한가

나는 몇 해 전 EBS에서 방영된 6부작 교육대기획 '시험' 중 4부였던 '서울대 A+의 조건'을 보고 큰 충격을 받았다. 방송 내용에 따르면 서울대에서 A+를 받기 위해서는 수업 시간에 교수님의 강의 내용을 열심히 필기하거나 녹취한 후 그 내용을 정리하고, 시험을 보기 전 정리한 내용을 계속 암기해 그대로 시험지에 쓰면 되는 것이었다. 주어진 답을 효율적으로 찾는 방식에 훈련된 학생들이 한국 최고의 대학이라 일컬어지는 서울대에 들어가서도 똑같은 방식으로 공부하여 높은 학점을 따고 있었다.

지난해 교육부는 '2028 대입 제도 개편안'을 확정, 발표했는데 개편안에 따르면 현재 중학교 3학년들이 대학에 들어가는 시점의 입시 제도는 생성형 AI를 능가하는 가치를 창출하는 인재를 배출하는 것에 큰 방향성을 두고 바뀔 예정이라고 한다. 하지만 정부에서 아무리 이러한 방향성을 가지고 입시 제도 변화를 선포했다고 해도 실제로 교육 현장에서 교육과 평가 시스템이 바뀌지 않는다면, 한국 대학에서 글로벌 스타트업 창업자들이 선호하고 세계적으로도 경쟁력이 있는 인재를 배출하기는 어려울 것이라고 생각된다. 이미 AI를 활용해 강의 내용을 녹취해 그 내용을 텍스트로 풀어줄 수 있고, 시험 문제 예측을 비롯해 요약정리까지 말끔하게 해주는 애플리케이션이 쏟아지는 상황에서 대학에서조차 암기식에 기반한 평가가 이루어지는 것이 과연 무슨 의미가 있을까?

• EBS 교육대기획 '시험' 중 '서울대 A+의 조건'

이것은 비단 한국 대학만의 문제는 아니다. 뉴욕 맨해튼에서 대학원 생활을 하는 동안 수많은 학부생들을 만났는데 유독 한국 유학생에게서만 보이는 몇 가지 특이점이 있었다. 그중 하나가

'족보'다. 나는 그때까지 족보가 무엇인지 몰랐다. 족보란 본래 가문의 혈통 관계가 적힌 책을 말하는데, 한국 사교육 시장이나 대학에서는 역대 시험에서 중요하게 출제된 문제들을 모아놓은 시험 비법서를 의미한다. 내가 본 다수의 한국 유학생은 보유하고 있는 족보 정보가 정말 많았다. 또한, 수강 신청을 할 때도 본인이 정말 관심 있는 주제를 가르치는 수업보다 성적을 잘 받을 수 있는 수업 위주로 선택하는 경향이 있었다. 글로벌 핵심 도시라고 할 수 있는 맨해튼에서 최고 수준의 환경을 갖춘 대학을 다니는 학생들이었지만 학교에서 제공하는 다양한 프로그램들을 이용하기보다는 한국에서의 대학 생활과 크게 다를 바 없는 학교생활을 하고 있었다.

●

미국 명문대에서도
여전히 이뤄지는 한국식 교육

이러한 모습들을 보면서 나는 내가 미국 이민을 준비하며 공부하던 시절, 2004년 한국의 한 학원에서 '하버드로 가는 길' 프로그램을 진행하던 시절과 교육 방식이 전혀 바뀐 게 없다는 사실을 깨달았다. 당시에는 가령, 학생들은 아침 8시부터 매일 적게는 몇 십 개에서 많게는 100개가 넘는 단어를 암기하며 시험을 봤다. 90점이 넘는 점수를 받지 못하면 부모님께 문자가 가고, 그 학생은 자습실에 가둬져서 점수가 나올 때까지 나갈 수 없는 식이었다. 그런데 요즘에는 오히려 기술의 발달로 시스템적으로 학생들을 더욱 촘촘히 관리할 수 있게 됐다. 더욱 놀라운 것은 이런 방식을 대부분의 학부모들이 선호했었다는 점이다.

물론 그 시절 미국 명문대 입시에서는 SAT 점수가 중요했고, 한국 부모 세대들에게는 이러한 공부 방법이 가장 쉽고 효율적으로 점수를 높일 수 있는 최적의 솔루션으로 여겨졌음을 이해한다. 결국 그러한 생각이 학원 등록으로 연결됐지만, 나는 당시 미국 명문대 입시를 준비시키는 학원에서 일하는 입장이었음에도 불구하고 로봇처럼 암기만 하는 교육 방식이 너무 싫었다. 그 시험 하나를 잘 보기 위해서 학생은 쉬는 날 없이 종일 공부하고, 부모님들은 고액의 비용을 지불함에도 불구하고 시험이 끝난 이후부터 아이들은 그간 배운 모든 것을 잊어버리는 모습이 무척 안타까웠다.

영어 교육에 너무 많은 시간과 돈을 할애하는 것도 큰 문제라고 생각한다. 한국은 유독 영어 교육에 엄청난 시간과 에너지를 투자한다. 엄마표 영어에서부터 영어 유치원, 국제학교 등 아이가 어릴 때부터 영어를 잘 가르치고자 하는 학부모들의 열정이

어마어마하다. 나는 그동안 미국의 명문 보딩 스쿨 등에서 일하면서 토플 만점을 받는 학생들, 네이티브처럼 말하는 학생들을 수없이 많이 봐왔다. 그런데 모두가 그런 것은 아니었지만 내가 설계한 미래 교육 수업에서 유독 형편없는 역량을 보이는 학생들을 살펴보면 한국 학생들이 적지 않았다. 영어 실력은 유창하지만 다른 나라 엘리트 학생들과 협력하는 능력, 자기주도적으로 생각하는 능력, 자신이 왜 이런 공부를 하는지 메타인지로 파악할 줄 아는 능력 등이 부족한 한국 학생들을 적지 않게 목격했다. 이 학생들은 수업 시간에 자신의 생각을 펼쳐보라고 제안하면 대부분 머리를 감싸며 "선생님, 차라리 뭘 하라고 시켜주세요"라고 요청하며 힘들어하기 일쑤였다. 이러한 경향은 중국에서 온 학생들에게서도 발견되는 공통적인 문제였다. 미국의 명문 보딩 스쿨에 입학했을 정도의 실력이라면 한국에서는 분명 최고의 영어 실력과 학습 능력을 보여줬던 엘리트 학생들이었을 텐데, 과연 무엇이 문제였을까? 나는 한국에서 강조하는 주입식 학습법이 무한한 가능성이 있는 이 아이들의 창의력과 사고의 폭을 좁혔을 것이라고 확신한다.

부모가 만들어주는 스펙은
무용지물

이제는 자녀들에게 무작정 시험 점수가 잘 나오도록 공부를 시키기보다는 '왜'라는 생각을 하게 만드는 게 중요하다. '왜' 공부하며 '왜' 인생을 잘 살아가는 데 필요한 스킬을 배워야 하는지 아이들로 하여금 스스로 생각하고 고민하고 답을 찾도록 유도해야 한다. 이런 과정 없이 부모의 힘으로 쌓아주는 스펙은 대입에서나 이후 아이의 사회생활에서나 정말 무의미하다.

할아버지의 자본력, 엄마의 정보력 그리고 아빠의 무관심이 한국 입시에 제일 중요하다는 우스갯소리가 있다. 웃자고 하는 말이기는 하지만, 나는 과연 엄마가 자신의 정보력을 동원해 자신의 자녀를 명문대 입시에 합격한 학생과 비슷한 활동을 시키는 방식의 교육이 과연 어떤 의미가 있는지 되묻고 싶다. 그것은 결코 아이의 실력이 아닐 텐데 말이다. 그럼에도 불구하고 학부모 상담을 하다 보면 여전히 스펙 '만들기'에 열성적인 학부모들이 정말 많다. 하향 지원을 하더라도 명문대 간판을 얻기에 수월한 전공을 선택하고, 학생이 가진 열정과 관심 분야와는 상관없이 오로지 대학 입학만을 위해 스펙을 조작하는 느낌이 들기도 한다.

이 과정에서 학생들의 목소리와 의견은 대개 반영되지 않는다.

하지만 미국 명문대에서 원하는 스펙은 1장에서 살펴봤지만 단순히 'Making(만들기)'의 영역이 아니다. 그들이 원하는 것은 'Experiencing(체화하기)'다. 직접 경험하고 그 과정에서 자기만의 감정을 느끼고 생각을 쌓아감으로써 해당 경험이 자신에게 어떤 영향을 주었는지 들려주는 스펙 말이다. 미국 대학 입시에서는 자기만의 스토리텔링을 굉장히 중요시한다. 따라서 이전에 해당 명문대에 합격한 학생과 비슷한 스펙을 만들었다고 할지라도 자신이 진정성 있게 한 활동이 아니라면 입학사정관들 앞에서 순식간에 들통이 난다. 우리는 그들이 입시 전문가라는 사실을 잊어서는 안 된다.

●

그때는 맞고
지금은 틀리다

어렸을 때 부모가 시키는 대로 남들 다 다니는 학원에서 공부하고, 좋은 대학에 진학한 선배와 비슷한 궤적의 생활기록부를 따라 만들고, 해당 분야에 관심이나 열정이 전혀 없음에도 불구하고 보여주기 방식으로 스펙 쌓기를 하다 보면 아이는 자신의 인생에서 언제 '실패'를 경험하게 될까? 많은 학부모가 자녀들에게 선행 학습을 시키는 것은 자녀가 인생에서 '실패'를 경험하지 않도록 하기 위함이라고 생각한다. 하지만 학교 교육 과정은 선행할 수 있다 쳐도 매서운 인생살이를 선행할 수 있을까?

살아가다 보면 매일 크고 작은 새로운 도전 과제들이 닥쳐오기 마련이다. 이런 인생의 문제들은 학업 성적이 우수하다고 해서 해결할 수 있는 문제가 아니다. 성장 과정에서 작은 실패를 맛보지 않은 아이들은 자기 삶에 '주도적으로 도전'하는 법을 배우지 못한다. 넘어져도 툭툭 털고 다시 일어나봤던 경험이 없는 아이는 인생에 '실패'의 순간이 찾아왔을 때 이를 극복하고 도전적으로 새로운 것을 시도할 용기를 내기 어렵다.

어느 날, 자녀와 함께 봉사활동을 가기로 마음먹고 자녀에게 "우리가 살고 있는 안전하고 작은 울타리 바깥에서 네 나이와 비슷한 또래들은 어떻게 살고 있는지 궁금하지 않니? 우리 봉사활동 한번 가보는 건 어떨까?"라고 물어보고, 자녀의 동의하에 보육원이나 저소득층 아이들이 사는 마을로 봉사활동을 가게 됐다고 생각해보자.

자녀는 부모와 함께 봉사활동을 하는 동안 그 아이들이 처한 어려움에 공감하게 될 것이다. 이때의 경험은 인간 삶의 가장 필수적이고 기본적인 요소인 의식주 중 '식'의 문제를 해결하는 사람이 되어야겠다는 꿈으로 이어진다. 자기 안에서 새로운 소명을 발견한 아이는 관련된 지식을 스스로 탐색하고 공부하던 중 저소득층 아이들은 3대 필수 영양소 중 특히 단백질 섭취량이 턱없이 부족하다는 사실을 발견한다. 이후 경제적으로 궁핍하여 영양가가 높은 고단백 음식을 많이 먹을 수 없는 상황을 개선하기 위해 이들을 위한 식단을 만드는 과정에 직접 도전할 것이다. 자신이 구성한 식단으로 만들어진 식사를 주변 사람들에게 시식하게 해보고 반응이 좋으면 동기부여를 받을 것이다. 만일 반응이 좋지 않다면 어떤 부분이 미흡했는지를 고민하여 새로운 개선안을 고민할 것이다. 그러한 작은 실패와 재도전의 과정을 거친 아이는 이때의 경험을 토대로 이와 관련된 비영리단체를 스스로 조직하고 운영하게 될지도 모른다.

나의 이야기가 허무맹랑한 비약으로 느껴지는가? 앞서 언급한 이야기는 내가 꾸며낸 이야기가 아니라 마이크로소프트에서 운영하는 글로벌 대회인 '이매진컵Imagine Cup' 대회에서 우승한 '와프리Wafree'라는 한국 학생 팀의 실제 이야기다. 이매진컵은 주최 측에서 제시한 주제(대개 전 세계에 산적한 어려운 문제)를 새로운 기술이나 아이디어를 적용해 해결하는 대회다. 가령, '기술이 세계의 난제들을 해결할 수 있는 세상을 상상하라', '기술이 지속 가능한 환경을 만들 수 있는 세상을 상상하라', '기술이 사람들의 삶을 건강하게 만들 수 있는 세상을 상상하라' 등이 역대 이매진컵의 주제 캐치프레이즈였다. 와프리는 2009년도 이매진컵의 임베디드 개발 부문에서 우승한 팀으로 식용 곤충을 기르는 놀라운 접근 방식으로 통해 세계 기아를 종식하는 것을 목표로 하는 프로젝트를 구축했고, 그중 한 팀원은 이때의 경험을 높게 평가받아 컬럼비아대에 진학했다.

글로벌 교육 트렌드를 선도하는 미국 명문대에서 원하는 인재상은 바로 이런 경험을 가진 아이들이다. 해당 분야와 관련한 자격증이 여러 개 있는 사람보다 실질적으로 문제를 해결해본 경험이 있고 앞으로도 유의미한 문제해결력을 보일 수 있는 가능성이 큰 사람을 원하는 것이다. 그리고 이와 같은 자질은 부모의 힘으로 만든 스펙으로는 절대 얻어질 수 없다.

3장

지금 우리에게 필요한
인재의 조건

체인지 메이커가
세상을 바꾸고 있다

미국이 오늘날의 교육 시스템을 구축한 것은 제2차 세계대전 승전 이후 전 세계를 호령하는 강대국으로 성장했던 20세기의 일이다. 마치 기업의 생산 영역에서 작업의 표준화와 생산성 향상을 이룬 포드주의Fordism처럼 인적 자원을 빠르고 효율적으로 만들어낼 수 있는 교육 시스템이었다. 가령, 동일한 학년의 학생들은 어디에서나 비슷한 과목을 배웠고, 이 중 진도를 빨리 따라잡아 높은 성취를 보이는 학생들은 보다 빠르게 대학을 졸업할 수 있는 제도를 만들었다. 한국 국제학교와 미국 학교 교육 과정에 적용 중인 AP 과정이 대표적이다.

AP 과정은 앞에서도 짧게 설명했지만 고등학교 재학 중에 대학교 1학년 과정의 수업을 미리 들어 대학 학점을 인정받는 제도로 공부를 잘하는 학생들이 최대한 빠르게 학교를 졸업하고 산업 현장에 나아가 일할 수 있게 할 목적으로 냉전 시대 초기에 만들어진 커리큘럼이다. 미국이 이러한 교육 시스템을 구축한 이유에는 역사적 맥락이 있다. 냉전 시대의 또 다른 주축이었던 소련을 상대로 우주 경쟁이나 군비 경쟁에서 승리하기 위해서는 엘리트 학생들을 속속 배출해 사회에서 활약하게 만드는 것이 제일 중요했기 때문이다.

냉전 시대의 산물이라고도 할 수 있는 이 교육 시스템은 반세기가 지난 오늘날에도 여전히 교육 현장에서 진행 중이다. 지금도 매년 수백만 명의 미국 내 고등학생(유학생 포함)들이 AP 시험을 치르고 대학 학점을 받는다. 주목할 만한 변화는 오히려 최근 미국 대학들이 신입생을 선발할 때 AP 시험 결과에 큰 비중을 두지 않는다는 사실이다. 가령, 5점 만점에 3~4점을 받아 입시 전형을 통과할 수 있는 AP 점수를 받았다고 할지라도 대학 입학 후 이미 학점을 획득한 AP 과목 수업을 다시 듣게 하는 것이다.

한편, 미국 대학들의 평균적인 졸업률을 살펴보면 4년 안에 졸업하는 학생의 비율은 전체의 41%밖에 되지 않는다. 입학생 중 절반 이상이 '제때' 졸업하지 못하는 상황인 것이다. 참고로 5년

내에 졸업하는 학생의 비율은 60% 정도 된다. 그렇다면 이런 질문을 제기할 수 있다. 조기 졸업이 목적이 아님에도 불구하고 왜 많은 수의 미국 고등학생들은 AP 수업을 듣고 시험을 치르는 것일까? 이유는 생각보다 간단하다. 대학 지원자가 급증하면서 상위권 대학 입시가 어려워졌기 때문이다. 난이도가 높은 수업을 많이 들었다는 사실을 대학 입학 지원서에 기재해 어필하고자 대학에 들어가면 다시 재수강을 해야 하는 과목들을 선행으로 미리 공부하는 것이다.

●

저커버그가
하버드대에 들어간 이유

하지만 앞에서도 반복적으로 이야기했지만 하버드대를 비롯한 미국 명문 대학들이 바라는 인재상이 변화하고 있다. 이들 대학 당국은 세계 최고가 될 잠재력이 있는 청년들을 찾고 있다. 한 가지를 아주 특별하게 잘하지는 못하지만, 모든 분야를 평균 이상으로 잘하는 무난한 학생보다 한 분야에서 아주 독보적인 능력과 잠재력을 보이는 학생이 이들에게는 더 매력적으로 평가된다.

메타의 창업자인 마크 저커버그의 경우 미국의 명문 보딩 스쿨인 필립스 엑시터 아카데미Phillips Exeter Academy를 졸업한 후 하버드대에 입학했다. 사실 저커버그는 고등학교 시절부터 스타트업을 운영했기 때문에 꼭 하버드대 졸업장이 필요하지 않았다. 어쩌면 하버드대가 저커버그의 잠재력을 더 필요로 했을지도 모르겠다. 흥미로운 것은 당시 마이크로소프트의 CEO였던 빌 게이츠가 고등학생이었던 저커버그를 자신의 회사로 스카우트하려고 했었다는 사실이다. 저커버그는 고등학교 재학 시절 AI를 활용해 사용자의 음악 감상 습관을 학습할 수 있도록 한 '시냅스 미디어 플레이어'라는 음악 소프트웨어를 공동 개발해 특허권도 가지고 있었다. 이미 고등학생 시절에 놀라운 소프트웨어를 개발해 한화로 약 10억 원이 넘는 조건으로 인수 제안을 받았을 만큼 활용 가치가 큰 서비스를 만들어낸 것이다. (저커버그는 이후 시냅스 미디어 플레이어를 웹상에 무료로 공개했다.) 저커버그는 이후 하버드대 진학을 선택한다.

그가 대학 진학, 그것도 미국 최고의 명문대 진학을 선택한 이유는 무엇일까? 짐작해보건대 이미 특허권도 있고, 10억 원이 넘는 가치를 지닌 소프트웨어를 개발할 수 있을 정도로 자신만의 전문 분야를 가졌던 그가 공부를 더 하고 싶었던 것은 아니었을 듯하다. 이미 성공한 아이템과 자신의 회사를 가졌는데 그에게 취직을 위한 대학 학위가 무슨 소용이 있었을까? 저커버그에게 필요했던 것은 대학 졸업장이 아닌, 명문대 동문과 네트워크였다. 페이스북(현재는 메타)의 최초 버전은 그가 하버드대 내부에서 학내 동문들과의 네트워킹을 목적으로 하버드대 재학 시절 기숙사 룸메이트와 함께 협력하여 설립한 플랫폼이었다.

●

우리 사회는
체인지 메이커를 배출할 수 있는가

어떤 사람은 이제 세상이 이미 5차 산업혁명 시대로 진입하고 있다고도 말한다. 현실이 이러한데 아직도 3차 산업혁명 시대에 만들어졌던 커리큘럼으로 아이들을 가르친다면, 과연 그 아이가 몇 십 년 후에 경쟁력을 가질 수 있을까? 2016년 봄, 구글의 딥마인드가 개발한 AI 바둑 프로그램인 알파고와 이세돌 9단 사이의 세기적 대국을 기억하는가? 당시 다섯 번의 대결에서 알파고가 인간을 상대로 네 번의 승리를 거두었다. 그로부터 약 3년 후 이세돌은 은퇴를 발표하며 이렇게 말했다. "인공지능이 나오니, 미친 듯이 해서 다시 일인자가 돼도 제가 최고가 아니더라. 내가 지독하게 해도 컴퓨터에 밀린다는 것을 느꼈다." 최고 수준의 기량을 가진 바둑기사가 AI의 능력 앞에서 어찌할 수 없음 느끼게 되는 시대임을 실감할 수 있는 말이 아닐 수 없었다.

하지만 우리가 눈여겨볼 부분은 또 있다. 이세돌은 네 번째 대국에서 승리를 거두었고, 이후 '알파고를 이긴 유일한 인간'으로 기록됐다는 사실이다. 이는 인간이 AI를 능가해 인간만의 능력을 발휘할 수 있는 영역이 분명히 존재함을 시사한다. 창의성과 직관이 발휘된 신의 한 수는 학습된 데이터로는 가늠을 수 없는 부분이다. 그리고 그러한 능력을 지닌 인재를 우리는 체인지 메이커라고 부른다.

2장에서 미래 교육의 롤모델 중 하나로 소개했던 이스라엘 대학들의 경우 인구수나 국토 면적은 대한민국의 20%에 불과하지만 경제개발협력기구OECD가 발표한 2020년 통계에 따르면 1년간 유치한 총 벤처 투자금 액수는 881억 달러를 기록했다. 반면, 한국은 같은 지표에서 1/3 수준인 258억 달러를 기록했다. 뛰어난 제품 기획으로 벤처 투자를 받은 이스라엘의 수많은 스타트업은 구글을 비롯해 글로벌 IT 기업들로의 인수 합병을 통해 엄청난 성과를 만들어내고 있다. 조금 과장해서 말하자면 이스라엘 스타트업은 창업하기만 하면 곧바로 팔리는 상황이다.

젊은 이스라엘 청년들 중에는 해외 대기업이 미래에 투자할 만한 아이템은 무엇인지 선제적으로 발굴하려는 도전적인 자세를 갖고 위험에 굴하지 않으며 창업에 도전하는 이들이 많다. 기술력 등에서 비슷한 능력을 가진 한국의 청년들 역시 이런 결과를 충분히 만들어낼 수 있다고 나는 믿는다. 우리에게 부족한 것은 스타트업 창업을 둘러싼 마인드 그 자체가 아닌가 싶다. 스타트업 창업 등을 그저 스펙을 쌓기 위한 도구로 바라보는 것이 아니라 실제로 창업을 통해 세상을 바꾸고자 하는 도전 정신을 가져야 하는 것이다.

세계로 뻗어나가는 경쟁력,
글로벌 감수성

한국은 옆 나라 일본보다 국토 면적도 작고, 매장된 자원도 적은 편이다. 또한, 최근 한국의 국내총생산GDP은 세계 10위권에 턱걸이를 했다가 다시 하향하는 추세. 대신 중국이 무서운 기세로 치고 올라와 경제 규모에서 현재 세계 2위 수준까지 올라온 상태다. 중국의 부자들은 한국의 부자들과 견줬을 때 자산 단위가 비교조차 안 될 정도로 어마어마하다. 한편, 요 몇 년 사이 세계에서 가장 인구가 많은 국가인 인도가 풍부한 노동력을 바탕으로 잠재적 경제 강국으로서 탄력을 받는 중이다.

미국의 대표적인 다국적 투자은행 골드만삭스는 2023년 초

'2075년으로 가는 길'이라는 제목의 보고서를 발표했다. 이 보고서에 따르면 한국은 현재 국내총생산에서 세계 12위를 차지하고 있지만 2050년에는 15위 밖으로 떨어진다고 예측됐다. 출산율 저하로 인구수가 급격히 줄어듦에 따라 내수 시장이 작아지는 데다 고령화 사회가 되어감에 따라 노령 인구수는 늘어나 사회 전반의 생산성이 감소하기 때문이다. 여기에 더해 한국은 북한이라는 강력한 변수까지 있는 상황이다. 반면, 인구수와 잠재적인 시장 규모 등을 감안했을 때 인도와 인도네시아가 국내총생산 1위인 중국과 더불어 5위권 안에 진입한다고 전망했다.

●

내수 시장을 넘어
세계를 무대로 해야 하는 이유

나는 1986년에 당시 세계 최고의 국내총생산을 자랑하던 미국으로 이민을 왔다. 당시 미국의 국내총생산은 2위인 일본의 두 배가 넘는 수치였다. 일본(2위), 독일(3위), 프랑스(4위), 영국(5위)의 국내총생산을 모두 합해야 미국의 그것과 근접한 수치가 될 정도였다. 그러다가 1980년대 후반부터 1990년대 초반까지는 일본의 경제적 영향력이 무섭게 상승세를 보였다. 당시 미국에 살았던 우리 가족을 포함해 이웃과 친구들의 집에서 사용하는 웬만한 전자제품과 자동차는 모두 '메이드 인 재팬Made in Japan'이었을 정도다.

미국 내에서 소니, 도시바, 토요타, 파나소닉, 미쓰비시 등 일본 브랜드에 대한 인지도와 신뢰도는 상당히 높은 편이었으며, 많은 이들이 일본이 곧 미국을 제치고 세계 제일의 경제 대국이 되리라고 예상했다. 같은 시기 한국은 이제 막 글로벌 시장으로의 진출을 시작했다. 가령, 현대자동차는 '엑셀Excel'이라는 자동차로 미국 시장에 진입했는데, 그때는 일본 자동차 기업들이 미국 시장을 상당히 점유하던 때라서 한국 자동차는 상대적으로 저품질의 제품으로 인지됐다. 우리 가족은 한인 교민들이 제일 많은 캘리포니아에 거주했지만 그럼에도 불구하고 한국인들 중에서 한국 자동차를 모는 주변 사람들은 거의 본 적이 없었다. 그만큼 그 당시 일본 기술력의 위상은 실로 어마어마했다.

그러나 그로부터 약 40년이 지난 지금, 국제 경제의 흐름은 어떠한가? 일본은 현재 중국에 밀려 국내총생산 순위가 4위로 하락했으며 한때 전 세계 경제의 2/3 이상에 달하는 국내총생산을 보유했던 미국 경제는 그 비중이 1/4 이하로 떨어졌다. 반면, 한국은 세계 10위의 경제 및 문화 강국으로 떠올랐다. 특히 삼성전자나 현대자동차 등 한국 기업들이 미국 시장에서 점유율과 인지도를 높이며 글로벌 기업으로 도약하고 성장하는 모습을 지켜볼 수 있었다. 한국이 비교적 짧은 시기를 거치며 경제성장을 이룬 데는 교육을 통해 우수한 인적자원을 다수 배출한 영향이 크다는 것이 정설이다. 주입식 공부를 통해 성실하게 공부를 잘하는 학생들을 교육해내고 이들 중 많은 수가 대학에 들어가 고등교육을 받을 수 있게 됨으로써 사회의 성장 동력으로 작용하게 된 것이다.

그러나 앞으로는 지금까지의 방식으로는 경제성장의 동력을 얻기가 어려워 보인다. 이미 중국이 저렴한 노동력을 바탕으로 세상의 모든 것을 만들어내는 생산 공장으로 자리를 잡았음은 물론이며, 여기에 더해 최근에는 기술력까지 보유하여 과학기술 강국으로 성장하는 중이다.

앞에서도 언급했지만 인도의 성장세도 무시무시하다. 특히 나의 연구 분야인 교육기술(Ed-Tech) 분야에서 인도는 현재 세계 최고 수준을 인정받고 있다. 오늘날 한국은 많은 부분에서 내가 미국에서 경험했던 일본의 모습을 답습하는 듯하다. 1990년대 초중반 일본에서는 국내 주식 및 부동산 가격 급등으로 인한 버블 경제 붕괴 후 '잃어버린 30년'이라는 표현처럼 장기간의 불황을 벗어나지 못하는 중이다. 저출생·고령화 문제 역시 일본 사회가 동일하게 앓고 있는 사회문제다.

단언할 수는 없지만 혁신을 하지 않으면 현재 글로벌 기업이자 한국을 대표하는 기업인 삼성전자 역시 소니와 같은 길을 걸어갈 가능성도 있다. 실제로 현재 삼성전자의 세계 스마트폰 점유율은 점차 줄어드는 추세다. 2013년 3분기 삼성전자의 글로벌 스마트폰 시장 점유율은 전체 시장의 1/3 수준인 32.5%에 달했다. 그러나 2022년 기준 글로벌 스마트폰 시장 점유율은 20% 초반으로 내려앉았으며 현재는 더욱 하락세다. 그 밖에 NHN, 카카오 등 한국 내 다른 대기업들도 규모가 작은 내수 시장에서는 더 이상의 성장을 경험하기에는 한계가 많아 글로벌 시장으로의 진출을 계속해서 모색하고 실천 중이지만, 여전히 세계의 벽을 넘어서기에는 어려움이 있어 보인다.

●

글로벌 감수성은
왜 중요한가

그렇다면 내수 시장을 넘어 세계를 상대로 활약하기 위해서는 어떤 자질이 요구될까? 여러 개인적 특성이 필요하겠지만 나는 무엇보다 '글로벌 감수성'을 키워야 한다고 생각한다. 세계 각국의 문화, 역사, 정치, 환경 등의 다름을 이해하지 못한다면 해당 지역에서 꼭 필요로 하는 제품이나 서비스를 만들어내기 어렵다.

즉, 국제적 감각을 지닌 세계시민이 되어야 앞으로의 미래 사회에 유의미한 영향력을 미칠 수 있는 리더로 성장할 수 있다는 말이다.

고무적인 사실은 한국이 전 세계적으로 문화 강국이 되어가고 있다는 점이다. 실제로 최근 들어 나는 미국에서 한국으로 유학을 가고 싶어 하는 학생들 또는 한국 문화에 관심이 매우 많은 학생들을 자주 만났다. 즉, 한국 문화 콘텐츠가 글로벌 수준에 다다른 것은 분명하다. 그러나 우리가 한 가지 간과해서는 안 되는 사실이 있다. 해외 무대에서 성공한 케이스의 주인공들은 전혀 다른 경로를 밟았다는 점이다. 방탄소년단과 〈오징어 게임〉이 대표적인 케이스다.

방탄소년단은 미국에서 50만 장 이상의 앨범을 판매한 두 명의 아티스트 중 하나다(나머지 한 명은 테일러 스위프트다). 이들은 가장 많이 팔로우된 음악 그룹, 가장 많이 본 뮤직비디오, 실시간 스트리밍 콘서트 티켓 최다 판매 등 약 25개 이상의 세계 기록 타이틀을 보유했다. 넷플릭스의 내부 보고서에 따르면 〈오징어 게임〉의 경우에는 그 가치가 9억 달러(한화로 약 1조 원)에 달한다는 보고도 있다. 방탄소년단과 〈오징어 게임〉 모두 글로벌 무대에서 여기에 다 적기도 어려울 만큼 수많은 수상 기록을 세웠으며 이름을 모르는 사람이 없을 만큼 유명세를 얻었다.

나는 미스 포터스 스쿨에서 엔터테인먼트 산업에 대한 수업을
할 때 하버드 경영대에서 만든 방탄소년단 사례 연구 내용을 학
생들과 분석한 적이 있다. 하버드 경영대의 케이스 스터디에 따
르면 방탄소년단이 처음부터 큰 인기를 구가했던 것은 아니다.
2013년에 데뷔한 방탄소년단은 인기가 없었던 것은 아니지만 한
국 남자 아이돌 그룹 중 탑이라고 할 만큼의 수준은 아니었다. 이
후 빅히트 엔터테인먼트(현재는 하이브)의 방시혁 프로듀서이자
대표는 한국의 3대 엔터테인먼트 회사들과는 전혀 다른 전략으
로 시장을 공략한다. 기존의 한국 엔터테인먼트 회사들과 달리
한국, 일본, 중국 시장보다 북미와 남미 시장에 집중하고, 그룹의
정체성도 소속사의 디렉팅에 따라 안무와 노래를 선보이는 아이
돌이기보다 직접 작사, 작곡 및 프로듀싱까지 가능한 전천후 아티
스트로서 그룹 구성원들을 성장시켰다. 이들이 만든 음악에는 자
신들의 진솔한 고민과 생각들이 담겨 있는 것으로 정평이 났는데,
그것이 전 세계인들의 공감을 불러일으킨 핵심 중 하나가 아닐까
싶다.

〈오징어 게임〉의 경우 각본이 완성된 것은 2009년이지만 한국
내에서 투자해줄 회사를 찾지 못해 제작에 들어가지 못했다고 한
다. 그러나 10년 뒤인 2019년 〈오징어 게임〉 각본의 가치를 알아
본 넷플릭스의 투자를 받아 제작에 들어갈 수 있게 됐고, 그 후의

이야기는 우리가 다 아는 성공 스토리다. 〈오징어 게임〉의 회당 제작비는 22억 원 정도로 전체 제작비는 200억 원에 육박한다. 하지만 드라마의 성공으로 〈오징어 게임〉 저작권을 보유한 넷플릭스는 1조 2,000억 원이 넘는 투자 수익을 거뒀다.

이 두 사례가 공통적으로 증명하는 것은 한국 내에서는 당장 높이 평가를 받지 못한 아이템이라 할지라도 해외 진출에 성공할 수 있다는 사실이다. 글로벌 트렌드를 읽고 세계 시장을 공략할 수 있는 자기만의 색깔과 글로벌 감수성을 지닌 콘텐츠나 제품, 서비스를 개발한다면 분명 성공할 수 있음을 두 사례를 통해 배울 수 있다.

하지만 현실에서는 그 반대의 경우도 존재한다. 삼성전자의 스마트폰이 그 사례다. 한국에서는 갤럭시 스마트폰을 쓰는 사용자가 아이폰 사용자 못지않게 많은 부분을 차지한다. 삼성전자의 갤럭시 스마트폰은 대체로 애플의 아이폰보다 기능이나 스펙 면에서 앞서나가는 편이다. 2022년 후반에는 폴더블(접히는) 기능을 탑재한 스마트폰을 주력 제품으로 삼아 대대적인 마케팅을 통해 미국 내에서 그 존재감을 확보하기도 했다. 삼성전자는 최근 갤럭시 S24 시리즈를 출시하며 모바일 AI의 새로운 시대를 열었다. 특히 갤럭시 S24 울트라 모델은 온디바이스 AI[On-Device AI](기기 자체에 AI 서비스를 제공하는 기술이 탑재되어 있어 인터넷 연결을 통한 외부 서버나 클라우드의 지원 없이도 사용 가능한 인공지능) 기반의 실시간 번역 기능을 제공해 언어 장벽을 허무는 데 중점을 두고 있다. 이 기능은 전화 통화 중에 실시간으로 오디오 및 텍스트 번역을 제공함으로써, 다른 언어를 사용하는 사람들 간의 소통을 대폭 간소화한다. 그 외에도 AI를 통한 사진 및 비디오 편집 도구를 제공하는 등 혁신적인 신기술을 대폭 반영한 제품을 내놓은 것이다. 하지만 미래의 주요 소비자층이 될 학생들과 이런 기술 등을 주제로 진솔하게 토론하다 보면 삼성전자 스마트폰에 대한 관심과 평가가 상당히 낮은 편이다.

반면, 상당수의 학생들이 기능이 뛰어난 삼성전자의 갤럭시 스마트폰보다는 애플의 아이폰을 선호하고, 애플이 구축한 생태계에 들어가기를 바란다. 애플 생태계는 한 번 들어가면 나오기가 쉽지 않다. 가령, 아이폰을 쓰기 시작하면 호환성의 편의를 누리기 위해 스마트폰에 연결되는 다른 기기들도 애플 제품으로 통일하게 될 확률이 높다. 또한, 애플의 경우 마케팅 영역에서도 기술력을 강조하는 삼성전자에 비해 사용자의 감수성을 건드리는 감성적 접근을 하는 편이다. 세계 시장을 두드리기 위해서는 어떤 부분에 주력해야 할지 생각하게 만드는 대목이다.

이런 상황은 역으로 미국 기업이 한국에 진출할 때도 똑같이 적용된다. 대표적인 사례가 미국의 대형 유통기업인 월마트

Walmart다. 월마트는 현재 650조 원 이상의 가치를 지닌 미국의 대기업 중 하나인데, 월마트가 유일하게 해외로 진출해 실패한 나라가 바로 한국이다. 월마트가 한국 시장에 진출한 것은 한국이 외환 위기로 경제적 어려움에 처해 있던 1998년이다. 당시 월마트는 자신들이 늘 해오던 방식으로 한국 시장에 진출해도 성공할 수 있을 것이라고 자신하며 한국인들의 특성과 문화에 대해 깊이 연구하지 않았다. 이로 인해 냉동식품보다는 신선한 로컬 식품을 선호하는 한국인들의 수요를 파악하지 못했음은 물론이고, 마트 위치 선정에 있어서도 큰 오류를 보였다. 미국에서는 차를 타고 먼 거리를 이동해 대형 마트에 가는 것이 흔한 일이지만, 길이 많이 막히는 서울 같은 도심 지역에서는 마트와 같은 편의 시설은 무엇보다 접근성이 가장 중요한데 이런 점을 간과한 것이다.

이처럼 국제 무대를 대상으로 제품과 서비스를 판매하고자 한다면 국내 시장과 세계 시장이 원하는 가치가 다름을 인지하려는 자세가 정말 중요하다. 우리 자녀들을 미래에 글로벌 시장을 대상으로 활약할 체인지 메이커로 성장시키고 싶다면 글로벌 감수성부터 길러줘야 하는 이유다.

유창한 영어 실력보다
더 중요한 것이 있다

글로벌 감수성에 대한 이야기를 하면서 영어 교육 이야기를 빼놓을 수는 없다. 한국에서는 유아 시절부터 영어 교육을 둘러싼 부모들의 교육열이 엄청나다. 안타까운 점은 많은 부모들이 영어를 소통의 도구가 아니라 시험을 잘 봐야 하는 학문으로만 대하는 것 같다는 점이다. 물론 영어는 수능에서도 비중이 큰 과목이고 이후 취직 과정에서도 토익, 토플 등 공인된 영어 점수가 필요하다는 현실을 모르는 바는 아니다. 하지만 주객이 전도된 느낌을 준다는 인상은 지우기가 어렵다.

영어의 본질은 언어다. 언어는 사람이 자신의 생각을 타인에게 더욱 효과적으로 표현하고 전달하는 데 도움을 주는 수단이다. 아이가 해외에 진출해 실전 대화에서 영어를 유창하게 사용하기를 원하면서도 가르치는 방식은 영어 시험 점수를 잘 나오게 하는 데 치중하고 있다면 이는 해외 진출에 실패한 기업들이 저지르는 오류와 다를 바가 없다.

물론 글로벌 인재로 성장하기 위해서는 꾸준한 학습을 통해 영어 능력을 키우는 것이 필요하다. 자신의 생각을 표현할 수 있는 다양한 어휘를 많이 알고 있다면 원활한 의사소통에 도움이 됨은 물론이다. 하지만 영어는 세계 공용어로서 효과적인 소통의 도구일 뿐이다. 영어를 유창하게 잘하는 것보다 더 중요한 것은 영어로 말하는 문장 속에 담긴 자기만의 생각이다. 반기문 전 유엔 사무총장이 영어로 말하는 것을 한 번이라도 들어본 사람이라면 그가 원어민처럼 영어를 잘한다고 말할 사람은 아마 없을 것이다. 하지만 그를 유엔 사무총장이라는 글로벌 리더 자리에 올려놓은 것은 그저 영어 능력이 아니었음을 우리는 잘 안다. 그가 한국인 최초의 유엔 사무총장이 될 수 있었던 것은 그가 외교관으로 일하며 보여주었던 성과와 리더십 때문이다.

즉, 글로벌 인재가 되는 데 영어 능력은 필요조건임이 맞지만 (소통의 측면에서), 이때 '영어를 잘한다'는 의미는 높은 영어 시험 점수, 유창한 발음이 아니라는 점을 우리는 잊지 말아야 한다. 유창하진 않아도 자기만의 생각이 분명하고 매력적이면 세계가 주목한다. 영어는 그러한 생각을 담아내고 표현하는 그릇에 불과하다. 실제로 해외에 나가보면 완벽하게 영어를 구사하는 외국인들이 생각보다 많지 않다. 부끄러워서 혹은 내 문법이 틀릴까 봐 입을 꾹 다물고 대화하지 않는 친구보다 영어 실력이 조금 모자라도 어떻게든 자신의 생각을 표현하고 대화에 참여하려는 적극성을 보이는 친구들이 나중에 언어 실력도 훨씬 빠르게 늘고 친구들 사이에서도 더 많은 호감을 받는다.

시선을 더 멀리 두면 영어가 세계 공용어이므로 세계를 무대로 활약하려면 영어를 꼭 잘해야만 한다는 생각에도 의문을 던질 수 있다. 방탄소년단 멤버들 중에서도 리더 RM을 제외한 나머지 멤버들은 영어를 유창하게 하는 편이 아니다. 이들이 발표하는 노래의 대다수도 영어가 아닌 한국어다. 〈오징어 게임〉도 한국 감독이 만들고 한국 배우가 한국어로 연기한 한국 드라마다. 하지만 두 사례 모두 세계 시장에서 큰 주목을 받았다. 이러한 사례를 접하면서 정말 중요한 것은 언어가 아니라 콘텐츠임을 실감한다.

집을 지을 때를 생각해보자. 집을 짓는 것이 궁극적인 목적인데 내가 어떤 근사한 망치를 가졌는지를 고민하는 것은 시간 낭비다. 금으로 된 망치든 쇠로 된 망치든 집을 지을 수 있는 망치인지를 고민해야 한다. 물론 더 튼튼한 망치를 가지고 있으면 보다 효율적으로 더 빠르게 집을 지을 수 있을 것이다. 좋은 도구를 갖춰서 나쁠 것은 없다. 하지만 아무리 값비싼 망치를 갖고 있다한들 어떤 집을 지을지에 대한 설계도와 계획이 없다면 아무 소용이 없지 않은가.

실패를 두려워하지 않는
스타트업 마인드

　게임 속 세상에서 플레이어는 주어진 퀘스트를 해결하거나 앞으로 마주하게 될 보스(적)를 깨기 위해 자신이 선택한 캐릭터의 역량과 능력을 여러 방면에서 길러줘야 한다. 가령, 자신이 선택한 캐릭터의 장점을 극대화해줄 수 있는 기술을 단련한다거나 몬스터들에게 공격을 당해 목숨을 잃었을 때 다시 살아날 수 있도록 포션(약물)을 먹는 식이다. 그러나 아무리 강한 기술을 초반부터 미리 단련해둔다고 해도 몬스터들과 '직접' 싸워보지 않으면 내가 선택한 캐릭터에게 어떤 능력이 더 필요한지, 어떤 기술을 앞으로 더 길러야 하는지 알 수 없다.

우리가 사는 현실 세상도 마찬가지다. 다가올 미래에 우리 아이들 앞에 어떤 '몬스터'가 나타날지는 아무도 예측할 수 없다. 이처럼 불확실성으로 가득한 상황에서는 예를 들어 코딩을 잘한다든지, 계산 실력이 좋다든지 하는 단편적인 스킬보다는 어떠한 변화가 닥치더라도 유연하게 대응할 수 있는 적응력과 도전 정신 등과 같은 소프트 스킬이 요구된다. 그리고 이러한 소프트 스킬은 하루아침에 길러지는 자질이 아니다. 작은 도전과 실패 그리고 재도전하는 과정을 반복적으로 경험한 아이들만이 이와 같은 소프트 스킬을 내면에 쌓을 수 있다.

인생을 살면서 단 한 번의 작은 실패도 경험하지 않는 인간은 없다. 부모님이나 선생님과 같은 어른들이 울타리 역할을 해주는 시절을 지나 성인이 되어 사회에 나가면 실패와 좌절을 맛보게 하는 일들이 하루가 멀다 하고 찾아든다. 그런데 어린 시절 한 번도 실패를 해본 경험이 없는 아이들은 성인이 되어서 삶의 장애물을 만났을 때 어떻게 대처해야 할지 모르는 경우가 많다.

나아가 시련이 없으면 창의력도 기르기 어렵다. 창의력은 미래의 체인지 메이커가 되기 위해 꼭 필요한 능력인 '창업가 정신'을 함양하는 데 굉장히 중요한 스킬 중 하나다. 창의력은 학원에 보낸다고 해서 또는 특정한 교구를 이용해 지속적으로 훈련시킨다고 해서 길러지지 않는다. 내 경험에 비춰보았을 때 창의력을 키우는 가장 효율적이고 확실한 방법은 창업가의 시선으로 문제를 바라보고 해결하는 경험을 반복하는 것이다. 앞에서 미국 실리콘밸리에서 매년 열리는 페일콘 행사를 예시로 들었던 것처럼 미국 스타트업 문화에서는 실패가 귀한 경험으로 인정된다. 스타트업 창업자로서 실패를 해봤다는 것은 그가 자신이 문제로 주목한 이슈를 해결하기 위해 이런저런 방식을 모두 적용하는 과정에서 그 바닥까지 내려가봤다는 의미다. 즉, 어떻게 하면 실패하는지 안다는 것은 달리 말하자면 어떻게 해야 성공 확률을 높일 수 있는지 학습했다는 뜻이기도 하다.

스타트업 마인드의 핵심은 비록 도전을 했다가 실패하는 일이 생겨도 포기하지 않는 자신감과 그릿Grit이다. 그릿은 4장에서 더 구체적으로 설명하겠지만 미국 심리학자인 앤절라 더크워스가 제시한 개념으로 성취를 이끌어내는 데 결정적인 역할을 하는 투지나 용기를 가리킨다. 이와 같은 능력을 길러주려면 청소년 시절부터 세상에 존재하는 문제들이 무엇인지 깊이 조사하여 그것을 해결할 방법을 모색하는 방식의 모의 창업 체험 같은 활동을 할 수 있도록 유도해줘야 한다.

이런 체험 과정에서 유의미한 결과를 이끌어내기 위해서는 함께 프로젝트를 진행하는 관계자들과 협력하고 소통할 줄 알아야 한다. 그러한 소통의 과정은 대개 지난하고 오랜 시간이 걸린다.

한 번에 성공적인 솔루션을 찾아내기도 쉽지 않다. 하지만 그만큼 교육적 효과는 탁월하다. 그러한 이유 때문에 미국에서는 실패한 스타트업에서 일한 경험을 높게 평가한다. 젊은 청년들이 실패를 두려워하지 않고 마음껏 자신의 아이디어를 펼쳐볼 수 있도록 스타트업 창업을 독려하는 프로그램도 무척 많다. 교육 현장에서도 도전 정신과 창의력을 발휘하며 문제를 해결해나가는 방식의 교육이 주목을 받기 시작했다.

요즘에는 세계 시장이 주목할 만한 스타트업 창업 아이템을 발견하는 일이 어렵지 않다. 유튜브에 새로운 정보를 담은 영상들이 하루에도 무수히 올라오기 때문이다. 유튜브는 지금으로부터 19년 전인 2005년에 설립됐는데 당시는 미국에서 소셜 미디어가 급성장하던 시기였다. 이와 같은 흐름을 이미 읽은 구글은 유튜브가 만들어진 지 1년여 만인 2006년 10월 유튜브 인수를 발표하고, 그해 11월 인수를 완료했다. 구글은 온라인 동영상 플랫폼 스타트업인 유튜브를 인수함으로써 이후 모두가 아는 것처럼 온라인상에서의 지배력을 더욱 강력하게 키울 수 있었다. 이런 상황에서 한국 대기업인 NHN 또는 카카오 등이 동종 산업계에 진출해서 구글의 시장 점유율을 뺏기란 쉽지 않은 일이다.

구글의 유튜브 인수 사례처럼 글로벌 IT 대기업들은 탁월한 아이디어와 기술력을 선보이는 스타트업들을 적극적으로 인수해

이들을 자기 조직으로 끌어들이고자 애쓴다. 매력적인 스타트업들을 흡수함으로써 해당 스타트업을 창업한 인재들을 조직 내부로 불러들이고자 하는 것이다. 나는 많은 한국 학생들이 대기업 입사 혹은 고시나 자격 시험을 통과해 전문직을 얻는 진로에만 목을 맬 것이 아니라 자신만의 아이디어를 바탕으로 스타트업을 창업해 기존에 없던 혁신적인 가치를 만들어내는 창업 마인드를 지닌 경영자로 성장했으면 좋겠다. 오늘날 온라인 생태계를 호령하는 구글도 창업가 마인드를 지닌 두 명의 스탠퍼드대 재학생이 의기투합해 만든 작은 스타트업이었다.

오픈에이아이의 CEO인 샘 알트만은 최근 한 인터뷰에서 생성형 AI 기술의 발전으로 인해 소규모 팀이나 심지어 1인 창업 기업이 유니콘 기업(기업 가치가 10억 달러 이상인 스타트업)이 될 수 있다고 언급했다. 스타트업은 규모가 있는 기업에 비해 연구 개발을 위한 의사소통 및 결정이 신속하고 자유롭게 이루어진다는 장점이 있다. 알트만의 비전에 따르면, 생성형 AI는 스타트업이 지닌 이러한 장점을 보다 더 강화할 것으로 여겨진다.

경제적인 부와 명예를 얻을 수 있는지 여부를 떠나서 유엔이 발표한 지속가능개발목표와 관련된 다양한 분야에서 긍정적인 영향력을 끼치고 있는 젊은 창업가들을 세계는 주목하고 있다. 작은 내수 시장을 가진 한국이 다가오는 미래에 경쟁력을 갖기 위해서는 세계 시장 공략에 꼭 힘써야 한다. 실패를 두려워하지 않는 창업가 마인드를 지닌 청년이야말로 미래 사회가 기대하는 인재라는 사실을 잊지 말자.

갈수록 중요해지는
소프트 스킬, 6C

2002년 미국에서는 '21세기 기술을 위한 파트너십^{Partnership for} ^{21st Century Skills, P21}'이라는 이름의 특별한 위원회가 세워진다. P21 에서는 수년 동안의 연구와 토론을 바탕으로 6년 뒤인 2008년, 미래 사회를 살아가기 위해 꼭 필요한 역량이 무엇인지를 전망한 보고서를 발표했다. 이 보고서에서 P21은 미래 핵심 역량으로 '4C'를 언급했는데, 구체적으로 4C는 다음과 같다

- 비판적 사고 Critical Thinking
- 의사소통 Communication

- 협력Collaboration
- 창의력Creativity

이후 2016년, 미국의 발달심리학자인 로베르타 골린코프와 캐시 허쉬-파섹은 《최고의 교육Becoming Brilliant》이라는 책에서 미래형 인재가 되기 위해 필요한 역량으로 2C를 추가해 최근에는 4C에서 6C가 됐다. 추가된 두 가지는 다음과 같다.

- 콘텐츠Content
- 자신감Confidence

한편, 최근 '뉴 페다고지 포 딥러닝New Pedagogies for Deep Learning'의 대표이자 캐나다 토론토대 명예교수인 마이클 폴란 교수는 다음의 2가지를 포함한 특성을 심층 학습 역량으로 정의하고 모든 학생은 4C가 아닌 6C를 개발해야 한다고 주장했다.

- 인성Character
- 시민 의식Citizenship

앞에서 언급한, 미래 핵심 역량으로 손꼽히는 단어들의 공통

점은 '소프트 스킬'이라는 점이다. 하드 스킬이 학력이나 기술력, 자격증과 같은 스펙을 가리킨다면, 이에 반해 소프트 스킬은 의사소통 능력이나 리더십, 책임감이나 긍정적인 마음가짐처럼 나와 타인과의 상호작용에 개입하는 스킬들이다. 6C는 이런 소프트 스킬 6가지의 모음인데, 보다 더 구체적으로 그 의미와 특징을 설명하면 다음과 같다.

• 비판적 사고 Critical Thinking

비판적 사고란 정보가 폭발하는 빅데이터 시대에 분석하고 필터링할 줄 아는 사고를 뜻한다. 이 소프트 스킬은 문제 해결 능력이나 높은 수준의 사고력, 현재 세계에 일어나는 다양한 이슈들에 대해 다각적인 관점에서 접근하고 질문할 줄 아는 능력으로도 이어진다.

• 의사소통 Communication

의사소통은 정확하고 간명해야 한다. 내 생각을 상대방에게 정확히 전달할 줄 알아야 하는 것은 물론이고, '소통을 잘한다'는 말에는 상대방의 의견을 잘 듣고 존중하는 태도도 포함된다.

- **협력**Collaboration

협력하는 스킬은 다양한 성격과 배경을 가진 사람들과 함께할 때 유용하게 쓰인다. 이 소프트 스킬은 특히 어떤 그룹 내에 들어가게 됐을 때 유연한 태도로 서로를 존중하고 돕도록 함으로써 공통의 목적을 향해 더욱 성공적으로 다가가게 만들어준다. 여기에 더해 각자의 재능이나 강점들을 적재적소에 잘 활용하는 리더십도 발휘한다면 최고의 아웃풋을 만들어낼 수 있다.

- **창의력**Creativity

창의력은 자신이 알고 있는 지식을 통합하여 재배열하고 새로운 방식으로 지금까지 세상에 없던 것을 창조해내는 능력이다. 이 소프트 스킬이 높은 아이는 탐험하고 도전할 줄 알며 실패를 경험해도 그것에 맞서 일어설 수 있는 저항력을 기를 수 있다.

- **시민 의식**Citizenship

이 소프트 스킬은 서로 다른 문화나 다른 나라의 사람들을 존중하며 잘 이해하는 능력이다. 오늘날 세계는 글로벌화 되었고 이제 더 이상 예술, 영화, 역사, 과학, 종교 등이 한 국가의 경계 안에서만 머물러 있지 않는 실정이다. 나와 다른 문화권의 사람들과 협업하며 정보를 교환하고 커뮤니티를 형성하면 더 나은 미래에 도달할 수 있다.

• 인성Character

인성을 길러준다는 것은 아이들에게 성격적인 면에서 필수적인 소양들을 교육하는 것을 의미한다. 즉, 그릿이나 끈기 같은 요소들을 길러주는 것을 뜻한다. 실패를 내딛고 용기나 기개, 인내심, 회복 탄력성과 같은 능력을 인생 전반에 걸쳐 훈련한다면 급변하는 시기에도 유연하게 세상을 바라보는 시각과 방법을 바꿔 자기 자신과 그 세상에 대한 연결성을 잃지 않는 힘을 갖게 될 것이다.

세계적으로 유명한 경제 잡지 《포브스》가 미국 대학 및 기업 연합을 대상으로 진행한 설문 조사에서도 상위 목록으로 꼽힌 역량은 팀워크, 의사 결정과 문제 해결 능력과 같은 소프트 스킬이었다. 소프트 스킬은 미래에 꼭 필요한 핵심 역량이자 창업가 마인드가 있는 체인지 메이커가 되는 데 아주 중요하게 작용하는 스킬이다. 이런 소프트 스킬은 독학 방식으로 그저 수업만 열심히 들어서는 얻을 수 없다. 오로지 나와 다른 타인과 꾸준히 소통하며 상호작용 하는 환경에서만 길러질 수 있는 자질들이다.

전문가들이 이와 같이 6C 스킬의 중요성을 계속 언급하는 이유는 간단하다. AI와 자동화된 시스템이 하드 스킬이 필요한 일을 인간 대신 능숙하게 처리하는 시대가 되면, 기계가 할 수 없는 영역을 컨트롤할 수 있는 소프트 스킬을 탑재한 인재가 되는 길만이 미래 사회에서 살아남을 수 있는 유일한 방법이기 때문이다. 인간이 AI나 로봇을 능가할 방법은 이것뿐이다. 급변하는 세상에서도 살아남을 체인지 메이커를 양성하기 위해 미국의 전통 깊은 명문 사립학교들도 그동안의 교육 커리큘럼을 혁신하면서 학생들에게 6C를 길러줄 수 있는 환경으로 체질 개선을 적극 시도 중이다.

당신의 아이에게는
지속 가능한 비전이 있는가

미래형 인재를 키우기 위한 교육 커리큘럼을 설계하고자 고민하는 사람들에게 내가 강력히 참고하라고 권하는 방법이 있다. 바로 유엔이 내놓은 지속가능발전목표Sustainable Development Goals, SDGs를 공략하는 방법이다.

SDGs는 2015년 제70차 유엔총회에서 2030년까지 달성하기로 결의한 의제로 지속 가능한 발전의 이념을 실현하기 위해 세계 각국이 협의한 17가지 목표를 가리킨다. SDGs의 17가지 주요 목표는 인류의 보편적 문제(빈곤, 질병, 교육, 여성, 아동, 난민, 분쟁 등)와 지구 환경문제(기후변화, 에너지, 환경오염, 물, 생물 다양성 등), 경

● 유엔의 지속가능발전목표

제 사회문제(기술, 주거, 노사, 고용, 생산 소비, 사회구조, 법, 대내외 경제)로 구성됐으며, 이를 다시 169개의 세부 목표로 세분화했다. 한국도 2022년 「지속가능발전 기본법」을 제정해 유엔의 지속가능발전목표를 이행하기 위해 적극적으로 노력하고 있다. 쉽게 말해 SDGs는 국제사회가 공동으로 인정한, 미래를 보다 더 나은 사회로 만들기 위한 글로벌 스탠더드라고 할 수 있다. 즉, SDGs의 개념을 이해하고 각 목표를 달성하기 위한 방안을 적극적으로 고민할 줄 안다면 그 사람은 미래 사회가 필요로 하는 인재로서의 역량을 갖췄다고도 볼 수 있는 셈이다. 요즘에는 정부 기관뿐만 아니라 대기업 등에서도 SDGs를 고민하고 이와 관계된 여러 가지 사회 공헌 프로그램들을 기획, 운영 중이다.

SDGs의 17가지 주요 목표의 세부 내용들은 다음의 QR 코드를 통해 대한민국 정부에서 운영하는 '지속가능발전포털' 사이트에 접속해 살펴보기를 권한다.

• 대한민국 정부 지속가능발전포털 홈페이지

나는 코로나 팬데믹 시기에 미스 포터스 스쿨에서 학생들과 함께 '팬데믹'을 주제로 이와 같은 상황을 타계하기 위해 해결책을 마련해보는 온라인 프로그램을 기획하여 호응을 얻은 적이 있다. 이처럼 변화하는 세상에 발맞춰 아이들을 가르치고 싶은데 도무지 어디에서부터 시작해야 할지 전혀 갈피가 잡히지 않는다면 SDGs를 활용하는 것이 큰 도움이 될 것이다.

모두 17개로 구성된 SDGs는 빈곤 종식, 기아 해소, 식량 안보와 지속 가능한 농업 발전, 성평등과 양질의 포괄적인 교육 제공 등 2030년까지 꼭 이뤄야 하는 우리 지구촌의 목표가 반영된 목록이다. 그렇기 때문에 이 목록들을 주제로 자녀와 함께 토론을 한다거나 관련된 구체적인 활동을 해나간다면 아이들에게 살아 숨 쉬는 지식을 전달해줄 수 있을 것이다. 만일 해당 주제와 관련된 전문가를 만나고 다른 아이들과 팀 프로젝트까지 할 여건이 되지 않는다고 해도 부담스러워할 필요가 없다. 인터넷상에 올라온 정보 등을 토대로 부모가 먼저 SDGs에 관해 공부하고 아이와 해당 주제로 대화를 나누는 것만으로도 이후 아이가 SDGs 기반의 프로젝트를 진행할 수 있는 토대를 쌓을 수 있다.

쉬운 예를 하나 들어보겠다. 아이들은 분리수거를 해야 한다는 사실은 안다. 하지만 분리수거를 왜 해야 하는지, 정확히 어떤 방식으로 해야 맞는 것인지, 분리수거라는 행위가 지구에 어떤 영향을 끼치는지 등에 관해서는 잘 모르는 경우가 많다. 알고 있다고 해도 대체로 단편적인 지식만 알고 있기 마련이다. 처음에는 이 주제에 대해 아이와 함께 구글이나 네이버 등을 통해 검색을 해본다. 분리수거와 관련해서 어떤 키워드로 검색하면 좋을지 아이와 생각을 나누고, 다양한 키워드로 심도 있게 검색한다.

가령, 간단하게는 분리수거 하는 올바른 방법에서부터 분리수거 된 쓰레기들이 재활용되는 과정 등을 검색해보는 것이다. 그러면 해당 주제와 관련된 자료, 이를테면 재활용 및 분리수거의 중요성에 대해 알려주는 책이나 영상, 관련 액티비티 등이 전부 다 보기 어려울 만큼 상당히 많이 나올 것이다. 이 중 아이가 관심을 가질 만한 것들을 선택해 함께 읽고 실제로 체험을 해보는 활동을 골라서 직접 해본다.

그러면 아이는 '환경을 위해 분리수거를 꼭 해야 한다'라는 당위만 아는 데서 한 발 더 나아가 현재 사용되는 방법보다 더 나은 분리수거 방법은 무엇인지, 또는 사람들에게 올바른 분리수거 방법을 보다 효과적으로 알려줄 수 있는 방법에는 무엇이 있을지 등에 관해 자기만의 아이디어를 떠올릴 수 있다. 미래형 인재를 키우기 위한 교육의 핵심은 자신과는 상관없다고 여겨지는 지식을 아이들의 삶 속 가까이 끌어오는 것이다. 내 문제로 여겨질 때라야 해결책도 모색할 수 있다. 그것이야말로 살아 있는 교육이다.

SDGs를 활용한 교육이 실제적인 행동의 변화로 이어짐을 보여주는 흥미로운 결과가 하나 있다. 한 미국 학교에서 수업 시간에 학생들 수백 명을 대상으로 설문을 한 적이 있다. 똑같은 디자인과 컬러의 티셔츠를 판매하는 두 의류회사가 있다. 이 중 한 회사는 사회적 정의를 실현하기 위한 활동에 적극적으로 참여하고 불법 아동노동을 하지 않고 옷을 만드는 회사다. 불법 아동노동이 이루어지는 이유는 인건비를 줄일 수 있기 때문이다. 대신 이 회사는 다른 의류회사와 비교했을 때 동일한 디자인과 품질을 가진 옷의 가격이 10~20% 정도 더 비싼 편이었다. 학생들에게 불법 아동노동의 문제점을 설명해주고, 두 회사 중 어느 곳에서 판매하는 옷을 구입하겠냐고 물었을 때 어떤 응답 결과가 나왔을까? 놀랍게도 이 젊은 소비자들은 무조건 가격이 더 저렴한 제품을 사기보다 해당 제품을 생산하는 기업이 어떤 사회적 가치를 지향하는지를 중요하게 고려해 구매 결정을 하려는 경향을 보였다.

나는 최근 한국을 비롯해 다양한 국적의 해외 학생들을 대상으로 SDGs 관련 온라인 수업을 진행했는데, 요즘 초등학생들은 국적과 관계없이 모두가 미래의 지구와 환경에 대한 걱정과 두려움이 있었다. 뉴스 등에서 보도되는 기후 위기나 분쟁 소식 등이 아이들에게 자신들이 커서 살아갈 세상에 대한 우려를 가지게 만든 것이다. 아이들이 가진 이와 같은 막연한 공포나 염려는 어른들의 현명한 교육적 개입을 통해 세상을 더 나은 방향으로 바꾸게 하는 건강한 문제의식으로 발전시킬 수 있다.

이처럼 요즘 세대들이 중요하게 생각하는 가치나 고민을 SDGs 기반 활동을 함께하며 파고들다 보면 전 세계적인 흐름도 익힐 수 있을 뿐만 아니라 부모와 아이가 서로의 생각을 경청하고 공감하는 과정을 통해 세대 간의 격차를 해소할 수도 있다. 가정에서 이뤄지는 부모와의 밀도 있는 대화는 아이의 소프트 스킬 역량을 효과적으로 길러주는 탁월한 도구다.

변화에 대비하기에
늦은 때란 없다

　2021년 방탄소년단은 '미래세대와 문화를 위한 대통령 특별사절' 자격으로 제76차 유엔총회에서 연설을 했다. 100만 명 이상이 시청한 이 연설에서 방탄소년단은 팬데믹 시절을 더욱 건강하게 보내기 위해 노력하는 젊은 세대들의 이야기를 전함으로써 젊은이들의 회복력과 도전 정신에 찬사를 보냈다. 방탄소년단의 유엔총회 연설은 아무리 나이가 어리더라도 세계적인 자리에 서서 세상을 바꿀 희망의 메시지를 던질 수 있음을 증명했다. 그런데 방탄소년단보다 더 어린 나이에 세계 각국의 정상들이 모인 자리에서 감동적인 연설을 한 인물이 있다. 바로 스웨덴의 환경운동

가인 그레타 툰베리다.

그레타 툰베리는 2009년 가을에 열린 유엔 기후행동 정상회의 자리에서 'How dare you?(당신들이 어떻게 감히?)'라는 다소 도발적인 주제로 연설을 했다. 당시 툰베리의 나이는 열여섯 살이었다. 그녀의 연설은 세계의 정상들이 기후변화에 충분히 대처하지 않는다는 비판의 메시지를 담고 있어 소셜 미디어 등에서 큰 반향을 일으켰다.

2003년 스웨덴에서 태어난 그레타 툰베리는 열다섯 살 때부터 환경운동가이자 젊은 글로벌 리더로서 국제 무대에서 큰 영향력을 발휘했다. 그녀는 기후변화 대책을 촉구하면서 매주 금요일마다 학교에 가기를 거부한 채 스웨덴 국회의사당 앞에서 1인 시위를 이어왔다. 툰베리가 스웨덴 정부에 요구했던 내용 중 하나는 스웨덴 정부가 환경을 위해 파리협정에 따라 탄소 배출량을 줄여야 한다는 것이었다. 이 활동은 세계로 하여금 그녀의 행보에 주목하게 만들었는데, 이것이 계기가 되어 이후 200만 명이 넘는 학생들이 공동 시위에 참여하며 그녀의 뜻을 지지했다.

툰베리는 제25차 유엔 기후변화협약 총회에 참석할 당시에는 탄소 배출량이 많은 교통수단인 비행기 이용을 거부하고 태양광 요트와 범선을 타고 스웨덴에서 포르투갈 리스본까지 항해했다. 그녀의 이런 실천적인 행동은 전 세계인들에게 기후 위기 문제의 심각성을 알리는 계기로도 작용했다. 2023년 초 기준, 그녀의 X(이전의 트위터) 계정(@GretaThunberg)은 560만 명, 인스타그램 계정은 1,480만 명의 팔로워들이 있을 만큼 그레타 툰베리의 영향력은 가히 세계적이다. 그녀는 2020년 다보스 포럼에서 당시 미국 대통령으로 재임 중이던 트럼프와 기후 위기 문제를 둘러싸고 설전을 벌이기도 했다. 그레타 툰베리는 자신만의 관점과 주장으로 이 사회를 더 나은 방향으로 바꿔나가며 긍정적인 영향력을 미치는 이 시대의 대표적인 체인지 메이커라고 할 수 있다.

그레타 툰베리 외에도 어린 나이에도 불구하고 세상에서 일어나는 다양한 문제에 관심을 갖고 이를 해결하기 위해 회사를 만들거나 적극적으로 사회활동을 해나가는 젊은 창업가들이 있다. 다음은 그중 앞에서 언급했던 SDGs와 관련한 다양한 분야에서 특히 인상적인 활동을 하고 있는 5명의 사례를 정리한 것이다.

어떤 부모들은 이렇게 말할지도 모른다. "우리 아이가 과연 이런 글로벌 리더로 성장할 수 있을까요? 이런 이야기는 대단한 능력을 가진 몇몇 아이들의 특별한 사례가 아닌가요?" 그런 부모님들에게 나는 이렇게 말해주고 싶다. 부모가 할 일은 그저 아이가 가진 관심사를 옆에서 잘 관찰해 그것이 커다란 불길이 되어 타오르도록 작은 불씨를 지켜주기만 하면 될 뿐이라는 말이다. 아이들이 지닌 가능성은 무궁무진하다. 그 발전 가능성을 믿고 부

- **기탄잘리 라오**Gitanjali Rao

2005년생인 기탄잘리 라오는 이 세상에 깨끗한 물을 사용하지 못하는 사람들이 많다는 사실을 깨닫고 물속에 납이 얼마나 포함됐는지를 알 수 있는 검출 장치를 '테티스'를 개발한 미국의 젊은 과학자이자 발명가다. 과학과 기술을 통해 사회에 긍정적인 영향을 주고자 하는 그녀의 열정이 꽃피울 수 있었던 것은 그녀가 보인 호기심을 적극적으로 지원하고 격려해준 가족들 덕분이라고 한다. 기탄잘리는 "내가 할 수 있다면 누구나 할 수 있다"라고 말하며 기술과 과학을 사회를 위해 사용하는 것의 중요성을 강조한다.

- **미카일라 울머**Mikaila Ulmer

2004년생인 미카일라 울머는 가판대에서 레모네이드를 팔기 시작해 이후 '나와 벌들의 레모네이드'라는 사업으로 확장함으로써 수익의 일부를 꿀벌들의 생태를 보호하는 일에 기부하는 젊은 사업가다. 벌에 쏘였던 경험은 미카일라가 꿀벌 보호에 힘을 쓰게 된 계기로 작용했다. 가족들의 격려 역시 그가 어린 시절부터 자신만의 일을 해나가는 원동력이었다. "아이처럼 꿈꾸세요"라고 조언하는 그녀의 이야기는 개인의 열정이 사회를 위한 이로운 사업으로 전환될 수 있음을 보여준다.

- **라이언 히크만**Ryan Hickman

2009년생인 라이언 히크만은 세 살 때부터 재활용을 시작해 일곱 살에는 50만 개 이상의 캔과 병을 재활용한 '환경 영웅'이다. 이 모든 것은 그가 아버지와 함께 재활용 센터에 방문한 것이 그 시작이었다. 이후 그는 환경오염 문제 중 특히 플라스틱 폐기물 처리와 관련해 문제의식을 느끼고 '라이언스 리사이클링'이라는 회사를 설립했다. "모두가 변화를 만들 수 있다"라고 말하는 라이언의 이야기는 부모가 아이의 관심사에 관여할 때 이루어지는 탁월한 성취에 대해 보여준다.

- **하일 토마스**Haile Thomas

2000년생인 하일 토마스는 미국에서 가장 젊은, 영양 및 건강 코치이자 셰프다. 그녀는 가족의 건강을 위해 라이프스타일에 변화를 줘야겠다고 영감을 받은 뒤 젊은이들이 건강한 습관을 키워나갈 수 있도록 돕는 'HAPPY' 프로젝트를 시작했다. 이후 저소득층 청소년들의 비만 문제 등에 문제의식을 가지고 'The HAPPYOrg'를 창립해 아이들에게 건강한 식습관에 대한 교육을 제공하고 더 나은 음식을 선택할 수 있도록 지원하는 활동을 해나갔다.

- **주리엘 오두월레**Zuriel Oduwole

2002년생인 주리엘 오두월레는 아프리카 여성들이 더욱 많은 교육의 기회를 얻어 성평등을 이루는 데 도움이 되고자 이를 주제로 한 영화와 다큐멘터리를 제작했다. "교육은 기회로 가는 길일 뿐만 아니라 권리입니다"라고 말하는 주리엘의 작업은 청소년들이 변화를 이끌어내기 위해 자신의 목소리를 낼 줄 아는 것의 중요성을 강조한다.

모는 그저 곁에서 그림자처럼 작은 힘을 더해줄 때 아이는 부모가 하라고 시켜서 하는 공부가 아닌, 자기주도적인 배움과 변화의 길에 들어설 것이다.

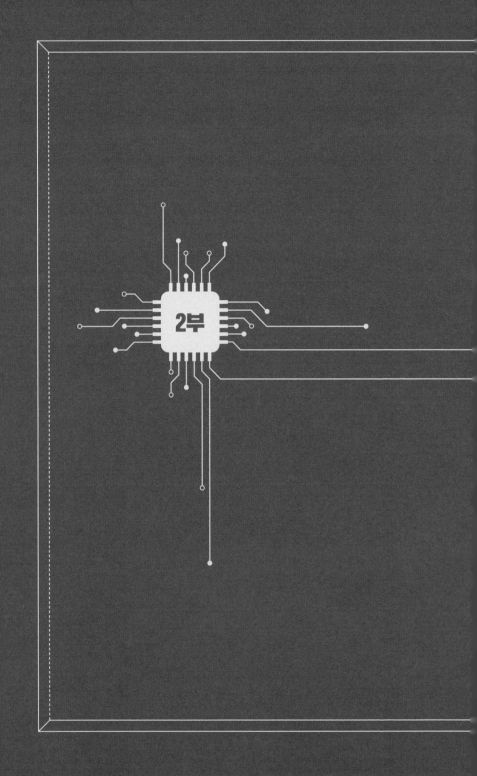
2부

우리 아이를 미래 인재로
키우는 커리큘럼

○

○
●

자, 그렇다면 우리 아이들을 1부에서 언급한 미래형 인재로 키
우기 위해 부모로서 할 수 있는 일은 무엇일까? 가장 간단한 방
법은 가까운 주변에 물어보는 것이다. 하지만 그런 방법으로는
내 아이에게 맞춤한 정보를 얻기가 어렵다. 내 아이와 우리 가족
이 처한 상황이나 환경은 남들과 다르기 때문이다. 그뿐인가. 아
이와 부모의 기질 역시 우리 집과 다른 집이 서로 다르다. 따라서
다른 집 아이가 성공한 방식을 우리 아이에게 무작정 적용할 수
는 없다. 다른 사람들과의 교류가 적은 편이라면 인터넷에서 정
보를 검색하는 방법도 있을 것이다. 가령, 챗GPT에게 물어볼 수
도 있다. 하지만 빅데이터를 바탕으로 한 답변도 우리 아이와 우
리 가족에 딱 맞춤한 답일 수는 없다. 어디까지나 보편적인 정보
를 정리해서 말해줄 뿐이기 때문이다.

미국에서 흔히 언급되는 관용구가 하나 있다. '죽음과 세금은
인생에서 피할 수 없다.' 나는 여기에 하나를 더 추가해야 한다고
생각한다. 바로 지속 가능성 위기다. 현재 지구 곳곳은 전쟁, 빈부
격차와 같은 경제적 불평등, 기후 위기와 같은 환경 문제 등으로
몸살을 앓고 있다. 즉, 경제성장과 과학기술의 발전을 통해 편의

성과 생산성 등은 증가했을지 모르지만, 그로 인해 야기된 문제들이 인류의 생존을 위협하는 상황까지 이른 것이다. 최근 수백 명의 초등학생들을 대상으로 설문 조사한 결과, 3/4 이상의 학생들이 미래에 대해 "매우 걱정한다"라고 응답했다고 한다. 안타까운 사실은 우리 세대 그리고 우리 이전 세대가 만든 문제들을 우리 아이들이 해결해야 한다는 점이다. 미래형 인재란 이처럼 전 지구적인 이슈로 부상한 문제들을 해결할 탁월한 방법을 모색할 줄 아는 사람을 가리킨다.

당면한 문제를 해결하려면 무엇보다 우선 현실을 직시해야 한다. 오늘날 우리 앞에 펼쳐진 여러 장면 중 우리가 꼭 받아들여야 하는 상황이 있다. 앞으로 모든 삶은 AI와 함께하게 되리라는 점이다. 이는 곧 미래 교육의 주제로 AI와 AI 활용법을 빼놓을 수 없음을 뜻한다. 현재 많은 학교가 학습이나 과제에 챗GPT 같은 AI를 사용하는 것을 표절 문제 등의 다양한 이유로 금지하고 있다.

하지만 사실 이런 대응은 교육자들조차 이 생소한 기술을 교육 현장에서 어떻게 다뤄야 할지 잘 모르기 때문에 나오는 반응이라고 생각한다. 이제 시대가 달라졌다. 이런 혁신 기술이 우리 아이들의 교육에 어떤 식으로 도움을 줄지는 조금 더 두고 봐야 할 것이다. 다만, 한 가지 확실한 것은 이런 기술을 잘 사용하는 사람과 기업만이 생존할 수 있는 시대가 열렸다는 사실이다.

2부에서는 우리 아이들을 미래형 인재로 키우기 위한 커리큘럼으로 내가 지난 20년간 글로벌 교육 현장에서 적용했던 내용들, 미래 교육 전문가이자 세 명의 아들을 키우는 아빠로서 느꼈던 점들을 한데 모아 제시하고자 했다. 물론 나의 경험을 이 책을 읽는 독자들에게 100% 그대로 적용하기를 권하는 것은 아니다. 앞에서 말한 대로 우리는 저마다의 개성과 기질을 지닌 다른 존재들이기 때문이다. 다만, 교육 전문가로서의 내 경험이 자녀를 미래형 인재로 키우고 싶지만 구체적인 방법을 몰라 헤매는 부모님들에게 약간의 힌트와 길잡이가 되기를 바란다.

4장

체인지 메이커를
만드는 5가지 방법

미래 교육의 시작점은
테이블 세팅을 달리하는 것

해외의 혁신적인 학교들은 어떤 방식으로 아이들을 대체 불가능한 인재로 양성하고 있을까? 그 트렌드를 읽는 것은 꼭 해외 유학을 목적으로 하지 않더라도 중요한 일이다. 전 세계 대학 순위에서 대개 상위권을 차지하며, 글로벌 교육의 트렌드를 선도하는 미국 대학들이 어떠한 방향성을 가지고 아이들에게 소프트 스킬을 길러주는지, 이들의 커리큘럼이 우리와 어떤 부분에서 무엇이 다른지를 알면 우리 아이들이 앞으로 맞이하게 될 거대한 변화의 물결에 당황하지 않고 대처할 수 있는 힌트로 활용이 가능하다.

교육 전문가로 일하면서 나는 많은 부모님이 잘못 알고 있는 사실 하나를 발견하게 됐다. 대다수의 부모님들은 아이가 학교에서 선생님과 좋은 관계를 맺고, 선생님에게 잘 보이기만 하면 여러모로 유리할 것이라고 생각한다. 하지만 이는 반은 맞고 반은 틀리다. 선생님에게 긍정적인 피드백을 받는 것만큼, 아니 그것보다 더욱 중요한 것이 있다. 바로 또래와의 소통과 협력이다. 그이유는 단순하다. 앞으로 아이가 사회에 나가면 선생님 같은 연장자나 윗세대보다 바로 내 옆자리에 앉아 있는 친구가 아이의 동료가 되거나 아이가 이해하고 설득해야 할 주요한 대상이 될 것이기 때문이다.

아이가 학교생활을 하는 동안 자신의 또래들이 주로 어떤 생각을 하는지, 또 그러한 생각을 하는 이유는 무엇인지 헤아릴 수 있게 되면, 이는 이후에 그들을 어떻게 설득하고 협력해야 하는지에 대한 이해력으로 발전하게 된다. 학령기에 길러진 원활한 의사소통 능력과 협력할 줄 아는 능력은 아이가 훗날 성인이 되었을 때 자신의 영역에서 탁월한 성취를 발휘할 수 있는 바탕이 되어줄 것이다.

나는 코로나 팬데믹이 전 세계를 휩쓸던 시절, 개인적인 사정으로 인해 잠시 한국에 머무른 적이 있다. 당시 큰아이는 한국의 초등학교로 전학을 하게 됐는데, 나는 아이를 학교에 데려다주면서 아이가 다니는 학교의 교실을 살펴볼 수 있었다. 그런데 내가 미국에서 주로 보고 경험했던 교실 풍경과는 크게 달라 눈여겨보게 된 모습이 하나 있었다. 한국 초등학교의 경우, 테이블의 중심에 선생님이 앉아 계셨다. 아이들의 눈동자는 늘 선생님을 바라보고 있었다. 하지만 미국 초등학교에서 테이블의 중심은 아이들이다. 이는 고등 교육기관에서도 마찬가지다. 교실에서 아이들은 서로 마주 보고 앉아 소통하고 대화를 나눈다. 나는 이러한 테이블 세팅이 이상적인 미래 교육의 시작점이자 체인지 메이커를 만드는 첫 단추라고 생각한다.

미국의 경우에도 20세기 초반까지는 선생님이 맨 앞에 서서 학생들을 가르치고, 수십 명의 학생들은 일정한 간격으로 정렬해 앉은 채 앞에서 수업을 진행하는 선생님을 바라보는 방식으로 교실 수업이 이루어졌다. 이와 같은 전통적인 방식에 변화를 가져온 계기는 미국의 석유 재벌이자 자선사업가였던 에드워드 하크니스의 혁신적인 제안이었다.

1930년대에 그는 미국의 명문 보딩 스쿨 중 하나인 필립스 엑시터 아카데미에 거액의 돈을 기부하기로 하면서 한 가지 조건을 제시했다. 기존의 주입식 교육 방식이 아닌 혁신적인 교육 방식을 도입한다면 약속한 금액을 기부금으로 투척하겠다고 이야기한 것이다. 하크네스의 예상치 못한 제안에 당시 필립스 엑시터 아카데미의 교장 선생님을 비롯해 교직원들은 오랜 논의 끝에 당시로서는 파격적인 수업 방식을 고안해낸다. 참고로 필립스 엑시터 아카데미는 미국의 수많은 대통령을 비롯해 마크 저커버그 같은 유명한 기업가들을 배출해낸 미국의 대표적인 명문이다.

오늘날 '하크니스 테이블Harkness Table'이라고 불리는 이 방식은 교사와 학생이 타원형의 커다란 테이블에 둘러앉아서 서로의 얼굴을 마주 본 상태에서 자유롭게 자신의 생각을 발표하고 상대방의 의견을 경청하며 토론하는 형태의 수업 방식이다. 이처럼 하크니스 테이블을 적용한 토론식 수업을 '하크니스 메소드Harkness Method'라고 부른다.

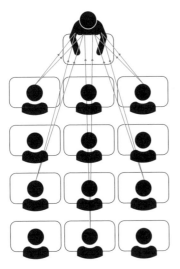

● 전통적 모델

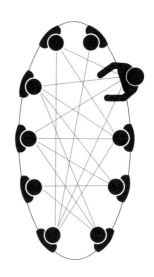

● 하크니스 메소드

하크니스 메소드의 핵심은 어느 자리에 앉더라도 토론에 참여하는 사람의 얼굴이 보인다는 점이다. 이는 곧, 특정한 한 사람의 의견(주로 선생님)을 일방적으로 배우는 것이 아니라 모두로부터 배우는 방식의 교육을 의미한다. 이와 같은 구조에서는 수업에 참여하는 모든 학생이 적극적으로 토론에 동참할 수밖에 없다. 토론에 열심히 참여하다 보면 자신의 의견을 조리 있게 말하는 능력, 타인의 말에 귀를 기울이는 능력, 협력하여 문제를 해결해나가는 능력 등 앞에서 언급한 미래 역량 6C가 자연스럽게 길러지게 된다. 창의적 인재를 양성할 수 있는 탁월한 교육 방법임이 입증된 하크니스 메소드는 이후 하버드대에서 토론 수업 방식으로 채택함으로써 혁신적인 교육 방법으로 세상에 더욱 널리 알려지게 된다. 현재는 미국의 수많은 사립학교들이 하크니스 메소드를 도입해 운영 중이다.

다음의 모습들을 한번 상상해보자. 중요한 토론 현장이나 발표 자리에 우리 아이가 다른 나라 사람들과 어깨를 나란히 하고 함께 앉아 있을 수 있을까? 그런 자리에서 우리 아이가 자신의 생각을 다른 사람에게 막힘없이 들려줄 수 있을까? 또한, 자신의 의견과 반대되는 입장의 사람들도 충분히 설득할 수 있을까? 만일 지금 내 아이가 이 모든 질문에 '그렇다'라고 답을 할 수 있는 수준이라면 세상이 앞으로 어떻게 바뀐다고 해도 그 아이의 미래와 커리어는 걱정할 필요가 없을 것이다. 그러나 현실에서 이런 아이들을 보기란 쉽지 않다. 많은 부모님들이 이런 모습을 가닿기 어려운 꿈같은 이야기라고 생각할지도 모르겠다.

하지만 모든 아이들의 내면에는 가능성이 존재한다. 교육은 아이 안에 존재하는 가능성을 밖으로 이끌어내는 과정이다. 주입식 교육, 경쟁하는 교육에 익숙했던 아이들이라 할지라도 앞에서 언급한 하크니스 테이블과 같은 환경 안에 아이를 계속 던져놓는다면 아이는 이내 상대방과 눈을 맞추며 대화하는 법, 대화를 통해 타인을 이해하고 공감하는 법, 그러한 이해와 공감을 토대로 상대방을 설득할 줄 아는 의사소통 능력을 배울 수 있다.

하크니스 메소드가 교육적 효과를 발휘하려면 한 가지 전제 조건이 있다. 아이가 앉아 있는 테이블에 다른 생각을 가진 아이들이 함께해야 한다. 나의 개인적인 견해로는 다양한 배경을 지닌 다양한 국적의 아이들을 만날 기회를 만들어주는 것이 가장 좋다고 여겨지지만, 한국에서 이와 같은 방식을 적용하는 것이 해외 유학을 하는 경우가 아닌 바에야 물리적으로 쉽지 않다는 사실을 잘 안다. 사실 한국에서 국제학교를 다니는 아이들의 경우에도 대다수의 또래들은 한국인인 경우가 많다. 해외여행도 아이에게 다른 나라의 문화와 삶을 체험하게 해줄 좋은 기회임은 맞지만, 현지인의 일상과 밀착된 방식으로 여행을 하는 것이 아니라면 이 역시 교육적 자극을 주는 데는 한계가 있다. 조기 유학을 보내는 것은 아이가 다양한 국적의 사람들을 만나며 다양성을 인지하고 글로벌한 시각을 키울 수 있는 가장 좋은 방법 중 하나일 수도 있으나, 이러한 방법은 비용도 많이 들고 가족들에게 여러 문제를 안겨줄 수도 있다. 내가 절충적으로 제시하는 방안은 여름방학이나 겨울방학 등을 활용해 국내외에서 열리는 캠프에 참여하는 방법이다. 만일 해외 캠프 등에 참여하기가 어렵다면 최근에는 온라인을 통해 이루어지는 국제 캠프나 프로젝트도 많으니 이를 활용하는 것도 좋은 방법이다.

일론 머스크가 설립한 민간 우주 기업인 스페이스 X 출신 전문가가 만든 '신테시스Synthesis'라는 웹사이트가 대표적이다. 이 사이트에 접속하면 다양한 국적의 학생들과 함께 게임과 컴퓨터 기술을 이용해 서로 협력하면서 문제 풀이 방법을 찾는 프로젝트에 참여할 수 있다.

· **신테시스 웹사이트**

미국 화상영어 플랫폼인 아웃스쿨도 추천한다. 아웃스쿨 웹사이트에 접속하면 183개국에서 100만 명이 넘는 학생들이 참여하는 10만 개 이상의 실시간 온라인 수업을 들을 수 있다. 화상영어 플랫폼이라고 지칭하긴 했지만, 단순히 영어를 배우는 것을 목표로 삼기보다는 전 세계의 또래들과 영어로 소통하며 아이가 관심 있어 하는 주제에 관해 배우거나 동아리 활동에 참여하도록 하는 방법을 권한다.

- **아웃스쿨 웹사이트**

이처럼 어떠한 방식을 사용하든 간에 우리 아이와 다른 환경에서 나고 자라 다른 생각의 틀을 가진 또래들과 많이 소통할 수 있는 기회를 주는 것, 그렇게 우리 아이가 앉은 자리를 다르게 만들어주는 것, 나는 그것이 미래 교육의 시작점이라고 믿는다.

팀 프로젝트: 협력하지 않으면 체인지 메이커가 될 수 없다

미국의 사립학교는 크게 세 가지 종류로 나뉠 수 있다. 첫째, 기부금과 학비로 재정 내실화가 다져져서 앞으로도 운영이 지속 가능한 학교다. 둘째, 커리큘럼을 비롯해 운영 전반에 큰 변화를 주지 않으면 지속 불가능한 학교다. 마지막은 곧 문을 닫아야 하는 학교다.

첫 번째 경우에 속하는 학교들은 대개 미국 내에서 명문 보딩 스쿨로 유명한 곳들이다. 필립스 앤도버 아카데미Phillips Andover Academy, 세인트폴 스쿨St. Paul's School, 디어필드 아카데미Deerfield Academy, 그로튼 스쿨Groton School, 로렌스빌 스쿨Lawrenceville School, 초

우트 로즈메리 홀Choate Rosemary Hall, 밀튼 아카데미Milton Academy, 미들섹스 스쿨Middlesex School, 태프트 스쿨Taft School, 루미스 채프 스쿨 Loomis Chaffee School 등 한국 유학생 커뮤니티에도 잘 알려져 있는, 미국 보딩 스쿨 톱 20 랭킹에 드는 학교들이 여기에 속한다.

이들 학교들은 대부분 적게는 몇 천 억에서 많게는 1조 원이 넘는 기부금 펀드가 조성되어 있고, 기부금 펀드를 운용해 얻은 수익으로 상당한 비용의 학교 운영비와 학생들을 위한 장학금을 마련한다. 뉴욕 맨해튼에 있는 최상위 통학 학교Day School(기숙학교 가 아닌, 등하교를 하는 사립학교)의 경우에도 앞서 언급한 명문 보딩 스쿨들처럼 학교 재정이 튼튼하다. 재정의 튼튼함은 세심하게 구성된 양질의 커리큘럼으로 이어진다. 이런 이유로 인해 이들 학교들은 학비를 아무리 비싸게 올려 받아도 지원자가 매년 입학 정원의 몇 배수 이상으로 넘치기 때문에 입시 장벽이 상당히 높은 편이기도 하다.

하지만 위와 같은 경우는 미국 전체 사립학교 중에서 극히 일부에 불과하다. 대부분의 사립학교들은 두 번째 케이스, 즉 커리큘럼 등의 혁신적인 변화가 없으면 학비를 포함해 물가상승률이 점차 높아지는 오늘날 현실에서 살아남기 굉장히 어려운 상황에 처해 있다. 비싼 학비를 냈음에도 불구하고 그에 상응하는 탁월한 교육을 받지 못한다면 굳이 그 학교를 보낼 이유가 없기 때문이다. 이러한 까닭으로 최근 미국 내에서 운영을 중단한 사립학교 수만 해도 수백 개가 넘는다.

●

코로나 팬데믹,
위기를 기회로 극복한 학교들

내가 몸담고 있던 미스 포터스 스쿨 역시 두 번째 케이스에 속했다. 미스 포터스 스쿨은 미국뿐만 아니라 한국에서도 유명한 전통 있는 명문 보딩 스쿨 중 하나다. 당시 미스 포터스 스쿨은 나를 이 학교의 커리큘럼 위원회를 이끄는 교사로 채용해 교육 정책의 혁신을 진행하던 중이었다. 그러던 중 변화는 갑작스럽게 시작됐다. 2020년 초부터 유행하기 시작한 코로나 팬데믹이 그 계기였다. 코로나로 인해 2020년 3월 락다운이 시행되자 미국 내 학교 수업은 모두 온라인 수업으로 전환됐다. 당시 미국은 세계 패권국가라는 말이 무색할 만큼 코로나에 대한 대응이 제대로 이루어지지 못했다. 그런 상황이 우리 아이들에게 미칠 영향이 너무 우려된 나머지, 나는 가족들과 함께 잠시 한국에 들어와 머물기로 결심하게 됐다.

코로나 팬데믹 발생 당시 나는 미스 포터스 스쿨에서 근무 중이었다. 기숙사에 머물며 공부를 하던 학생들 전원이 코로나로 인해 모두들 자신의 집으로 돌아간 상태였기에 학교 내부에는 학생이 한 명도 없었다. 이윽고 모든 수업은 원격 수업으로 전환됐고, 이러한 상황으로 인해 가족들과 한국에 머무는 것이 물리적으로 불가능한 일이 아니었다. 한국으로 들어온 이후에 나는 몇 주간 온라인으로 수업을 진행했는데, 당시 초등 2학년이었던 아들도 온라인으로 원격 수업을 받기 시작했다. 국적을 막론하고 온라인 러닝Online Learning 시대가 예고도 없이 갑작스럽게 개막된 것이 실감 났다.

내가 컬럼비아대학원에서 교육 공학을 전공하게 된 것은 미래의 언젠가 이런 날이 올 것이라고 예상했기 때문이다. 하지만 발달된 테크놀로지를 이용해 미래형 인재를 키우는 교육 커리큘럼 디자인을 공부했던 나도 온 세상이 한순간에 이렇게 바뀌게 될 줄은 전혀 예측하지 못했다. 처음에는 나 역시 갑작스러운 변화에 어안이 벙벙한 기분이 들기도 했다. 하지만 이내 '이런 예기치 못한 위기는 어쩌면 혁신의 기회일 수도 있겠다'라는 방향으로 생각이 흘러갔다. 그동안 이론적으로만 생각했던 시나리오가 현실화된 이상, 내가 그간 배운 것들을 바탕으로 원격 교육 시대에 빠르고 효율적으로 대처해야겠다는 의욕이 샘솟았다. 드디어 내가 꿈꿔왔던 커리큘럼을 시도해볼 수 있는 기회가 온 것이다.

미스 포터스 스쿨은 코로나가 발생하기 이전부터 해외의 글로벌 파트너 학교와 교류 활동을 해오고 있었다. 덕분에 지난 몇 년간 모든 11학년(한국의 고등학교 2학년)이 2주 동안 글로벌 파트너 학교가 있는 나라로 건너가서 문화 체험을 하며 글로벌 감수성을 키우는 프로그램에 참여할 수 있었다. 코로나가 확산되기 바로 직전인 2020년 1월에는 한 주는 스페인에서, 한 주는 한국에서 머무르며 글로벌 파트너 학교와 교류했다. 당시에 나도 이 교류 활동에 참여했는데, 이때 얻은 경험과 네트워크를 바탕으로 코로나 팬데믹 시기에 '글로벌 세미나 시리즈Global Seminar Series'를 만들었다.

이 온라인 프로그램은 다음과 같은 과정으로 구성됐다. 먼저 하나의 주제를 정한 뒤, 4주간 전문가 패널리스트를 통해 그 주제에 관해 배운다. 배운 내용 중 궁금한 점이 있으면 자유롭게 질의응답을 나눈다. 마지막 주에는 그동안 다룬 주제와 관련된 전 지구적인 문제를 선택해 해당 문제를 어떻게 해결할 것인지 프로토타입Prototype(제품 등을 만드는 과정에서 테스트 용도로 미리 만들어보는 물건이나 서비스)을 만든다. 이 온라인 프로그램에는 미국, 중국, 일본, 베트남, 영국, 인도, 캐나다, 멕시코, 스페인, 케냐, 남아프리카공화국, 한국 등 다양한 국가의 학생들이 100명이 넘게 참여했다. 학생들과 전문가 패널리스트 등은 한 달 동안 줌Zoom(원격 커뮤니케이션 서비스 플랫폼)을 통해 시공간의 제약을 뛰어넘으며 함께 소통하고 새로운 배움을 이어나갔다.

이 온라인 프로그램을 시작하면서 처음으로 다룬 주제는 '팬데믹'이었다. 당시는 코로나바이러스에 대해 널리 알려진 바도 없었고, 팬데믹 상황을 맞이한 것이 다들 처음인 상황이었다. 그래서 첫 주에는 전문가 패널리스트로 의사, 약사, 과학 연구자 등을 섭외해 코로나바이러스와 팬데믹에 관해 배우는 시간을 가졌다. 이 수업을 통해 학생들은 과거 인류가 경험했던 팬데믹과 오늘날 코로나19라는 전 세계적인 감염병이 크게 유행하게 된 현상의 원인 등에 대해 이해할 수 있었다. 질의응답 시간에는 전 세계 각국에서 이 온라인 프로그램에 접속한 학생들로부터 질문이 쏟아졌다.

두 번째 주에는 테크 전문가들을 섭외해 보다 기술적인 영역으로의 학습으로 넘어갔다. 가령, 코로나19로 확진된 사람들의 이동 경로나 접촉자 정보를 확인할 수 있는 '컨택트 트레이싱Contact Tracing' 프로그램 같은 것들이 실제로 개발되어 사용되고 있는지, 코로나 팬데믹으로 야기된 문제들을 해결할 수 있는 기술들에는 어떤 것들이 있는지 전문가와 함께 토론하는 시간을 가졌다. 또한, 당시는 코로나 팬데믹으로 인해 상거래의 중심이 오프라인에서 온라인으로 바뀌고 있는 추세였는데 그 구체적인 모습에 대해서 논의하고, 더욱 활성화가 될 온라인 시장을 어떻게 활용할 수 있을지 아이디어를 구상해보기도 했다.

이어서 셋째 주에는 글로벌 재단과 세계 각국의 정부에서 정책 수립 전문가로 일하고 계신 분들을 모시고 이들 기관에서 코로나 팬데믹에 어떻게 대처하고 있는지에 관해 이야기를 듣고 토론하는 시간을 가졌다. 마지막 주인 넷째 주에는 해커톤^{Hackathon}을 진행했다. 해커톤은 '해킹^{Hacking}'과 '마라톤^{Marathon}'의 합성어인데 제한된 기간 내에 기획자, 개발자, 디자이너 등 각자 역할을 맡은 참여자가 팀을 구성해 제시된 문제에 대한 솔루션을 직접 함께 만드는 대회를 가리킨다. 당시 제시된 주제는 '코로나 시대에 필요한 솔루션은 무엇인가'였다.

이처럼 3주 동안 각 분야의 전문가를 만나고 특정한 주제를 배우고, 그에 관해 토론한 내용을 바탕으로 최적의 해결책을 디자인 씽킹('디자인 씽킹'에 대해서는 뒤에서 자세히 설명하겠다)해서 만드는 전 과정은 모두 비대면으로 이루어졌지만 결과는 놀라웠다. 줌을 통해 온라인 프로그램에 접속한 학생들은 마치 하크니스 테이블에 앉아 토론을 하는 것처럼 자신의 생각을 때로는 논리정연하게, 때로는 열정적으로 발표하면서 그리고 다른 사람의 의견에는 집중해서 귀를 기울이면서 코로나 팬데믹 시기를 무사히 건너갈 수 있는 다채로운 아이디어를 하나하나 만들어나갔다.

협업의 과정도 인상적이었다. 비대면 수업이기는 했지만 학기 중이었기 때문에 팀을 이룬 학생들이 해커톤 과제를 완성하기 위해서는 수업 시간 외에 별도로 시간을 내서 과제를 해야만 했다. 학생들은 주말에도 실시간 온라인 미팅을 하면서 아이디어를 나누었다. 팀원 중 누군가가 시차가 있는 나라에 사는 경우에는 누구는 잠을 조금 더 늦게 자고 누구는 조금 더 이르게 일어나는 등 일상의 불편을 조금씩 감수하고 양보하면서 온라인 미팅을 하기도 했다. 나는 이런 양보와 조율의 과정도 넓은 관점에서 보면 소프트 스킬을 길러주는 교육의 일환이라고 생각한다. 온라인 프로그램의 마지막 세션 때는 그동안 가르침을 주었던 패널리스트들 앞에서 최종 솔루션을 발표하고 왜 이 솔루션이 효율적인지 전문가들을 설득하는 자리도 마련했다. 전문가들은 학생들의 프레젠테이션을 듣고 평가와 피드백을 해주었다.

나는 글로벌 세미나 시리즈를 진행하면서 비대면 학습으로도 협력, 의사소통, 콘텐츠, 비판적 사고, 창의력, 자신감 등 미래의 핵심 역량인 6C를 비롯해 글로벌 감수성, 리더십, 끈기, 문제 해결 능력도 충분히 길러줄 수 있다고 확신하게 됐다. 이 온라인 프로그램이 성공적으로 끝난 덕분에 이후에도 다른 주제들을 가지고 여러 차례 진행할 수 있었다. 가령, 미국에서 대선이 있기 바로 직전에는 '민주주의'를 주제로 다루었으며, 요즘 청소년들의 삶에서 빼놓을 수 없는 '소셜 미디어'를 주제로 삼아 그것의 영향과 올바른 사용법 및 윤리에 대해서도 다루었다.

●

팀 프로젝트가
아이의 미래를 바꾼다

그간의 내 경험에 따르면 한국의 부모님들과 학생들은 또래와 함께하는 팀 프로젝트 경험의 중요성을 간과하는 경우가 많은 것 같다. 그런데 이런 경험의 부족은 미래형 인재가 되는 데 부정적인 영향을 미친다고 생각한다. 나는 그동안 미국의 명문 사립학교 등에서 한국에서는 소위 '엘리트'라고 불리던 학생들, 가령 토플 점수 만점에 SAT 점수도 우수한 한국 유학생들을 많이 만나봤다. 그런데 이 학생들에게는 놀랍도록 똑같은 점이 있었다. 그룹 프로젝트는 정말 잘하는데, 팀 프로젝트 수행 능력은 영 꽝이라는 사실이다.

그룹 프로젝트와 팀 프로젝트는 같은 개념인 것 같지만 약간의 차이가 있다. 그룹 프로젝트와 팀 프로젝트 모두 개인 과제가 아니라 다른 사람과 함께 하는 과제라는 점에서는 동일하다. 그런데 이 둘은 다른 구성원들과 어떻게 상호작용을 해서 과제를 완성하는지를 두고 약간의 차이점이 있다. 그룹 프로젝트는 주어진 과제 전체를 100이라고 한다면 함께 과제를 해야 하는 구성원들이 각자 자신의 역할을 맡아서 개인적으로 해당 부분을 책임지고 완수해내는 형식이다. 즉, 구성원 1이 30을, 구성원 2가 30을, 나머지 구성원 3과 4가 40을 맡아 조합하는 방식이다. 그룹 프로젝트가 과제로 부여되면 성적에 특히나 민감하고 열정적인 아시안 학생들은 대개 자신이 담당한 역할보다 더 많은 양의 과제를 해내는 일이 부지기수다. 그와 같은 특정 학생들의 헌신 덕분에 해당 그룹은 결과적으로 좋은 성적을 받는다. 하지만 이 그룹 프로젝트가 협력을 통해 완수됐느냐고 묻는다면 '그렇다'라고 답하기란 어렵다. 과제를 수행하는 중에 무임승차를 하거나 자신이 해야 할 몫보다 적게 기여하는 학생이 발생하기도 쉽다.

반면, 팀 프로젝트는 각 개인에게 해야 할 몫을 정확히 나눠줄 수 없는 프로젝트로 팀원들 사이의 소통과 협력이 프로젝트 성공의 매우 중요한 요소로 작용한다. 팀 프로젝트의 사례로는 가령 모의 스타트업 활동을 들 수 있는데, 아이디어 공유, 시장조사, 사업 기획, 전략 세우기, 발표 등 매 단계마다 팀워크를 발휘하지 않으면 좋은 결과를 내기가 어렵다. 주로 토론을 통해 결론을 도출하는 과제가 팀 프로젝트에 속하는데, 한국 유학생들의 경우 토론식 문화에 익숙하지 않기 때문에 이와 같은 팀 프로젝트가 과제로 제시되면 다들 난감해하거나 힘들어한다. 내가 만나본 많은 한국 유학생 그리고 한국 학생들은 주어진 것에 대한 스토리텔링은 잘하지만, 새로운 생각을 끄집어내거나 기존의 생각에 반대 의견을 내야 하는 상황에서는 입을 다무는 경우가 많았다. 물론 자신의 몫을 열심히 할 줄 아는 것도 매우 중요한 덕목이자 능력이다. 하지만 거기에 쏟는 열심을 다른 방향으로도 꽃피울 수 있다면 더 많은 가능성들이 열릴 수 있음을 알기 때문에 안타까운 것이다.

AI를 끌어와서 이야기를 한다면, 그룹 프로젝트를 잘할 수 있는 능력은 이미 AI 기술이 인간의 능력을 앞질렀다. 하지만 아무리 잘 발달된 AI도 아직까지는 스스로의 판단과 능력으로는 협력을 할 수 없다. 기계는 공존과 공생의 가치를 모른다. 오직 생명체들만이 협력을 한다. 미래에도 살아남는 사람, 새로운 변화를 가져오는 체인지 메이커가 되려면 '함께할 수 있는 능력'이 꼭 필요함을 우리 부모님들이 잊지 말았으면 한다.

디자인 씽킹:
혁신을 이끄는 탁월한 생각법

최근 미국 상위권 대학들의 혁신된 교육 커리큘럼 중 눈에 띄는 부분이 한 가지 있다. 바로 '디자인 씽킹Design Thinking'이라는 개념을 중요하게 다룬다는 점이다. 디자인 씽킹은 한국어로 번역하면 '디자인적 사고' 정도로 표현할 수 있는 개념인데, 복잡한 문제를 해결하기 위해 혁신적이고 새로운 아이디어를 개발하는 과정을 가리킨다. 요즘에는 어떤 제품이든 '사용자 경험User Experience, UX'을 무척 중시한다. 단순히 제품이나 서비스를 구매하게 만드는 데서 그치기보다는 사용자가 특정 제품이나 서비스를 이용하면서 긍정적인 경험과 정서를 느끼게 할 경우, 해당 제품이나 서비스에 대한 호감도와 신뢰도가 상승하는 것은 물론이고, 장기적으로 봤을 때 브랜드에 대한 충성도를 높일 수 있기 때문이다.

사용자 경험을 고려해 디자인 씽킹을 한 서비스를 제공함으로써 소비자들의 편의를 높여주고, 회사의 수익도 오르게 한 대표적인 사례로는 '원 클릭 오더링1-click ordering'이 있다. 오늘날 많은 온라인 구매 사이트에서 보편적으로 사용 중인 이 기능은 소비자의 신용카드 정보와 주소지 등을 저장해둠으로써 이후 한 번의 클릭만으로도 구매가 쉽게 이루어지도록 한 서비스다. 이는 아마존에서 처음 시행하여 특허까지 낸 서비스다. 결제를 하는 과정이 복잡할 경우, 그 과정에서 소비자는 구매를 포기할 수도 있다. 그런데 아마존은 구매 과정을 단순화한 서비스를 제공함으로써 소비자들이 구매에서 이탈하는 것을 방지함은 물론이고, 결제의 편의성도 도모했다. 이 서비스는 온라인 구매가 쉽게 이루어질 수 있는 생태계를 만들었다.

이처럼 디자인 씽킹은 구글, 애플 등과 같은 세계적인 기업들을 비롯해 다양한 분야에서 창의적인 아이디어를 끌어내는 방법론으로 각광받고 있는 생각법이다.

●

새로운 생각이
탄생하는 단계

디자인 씽킹의 과정은 다음의 그림에서처럼 크게 다섯 단계로
구분할 수 있다.

디자인 씽킹 과정의 반복

Empathize
공감: 사람을 이해하다

Ideate
아이디어화:
아이디어를 생성하다

Define
정의: 문제를 파악하다

Test
테스트: 제품을 개선하다

Prototype
프로토타입:
제작 및 실험을 하다

첫 번째 단계는 '공감Empathize'이다. 이 단계는 디자인 씽킹에서 가장 중요하다. 여기서 공감의 대상은 문제 상황이나 타인이 처한 상황 정도로 보면 적절하다. 누군가에게 꼭 필요한 제품이나 서비스를 만들려면, 해당 제품이나 서비스가 필요한 누군가가 처했을 것으로 여겨지는 문제에 대해 이해할 수 있어야 한다. 그렇지 않으면 그저 자기만족적인 결과물에 머무를 가능성이 높다.

오늘날 우리가 누리는 수많은 편리한 제품과 서비스 및 기술 등은 인간의 필요에 의해 개발되고 발전해온 것이다. AI 시대가 다가오게 된 것도 궁극적으로는 인간이 그러한 기술이 적용된 사회를 원했기 때문이다. 이런 관점에서 본다면 이 세상에 존재하는 모든 기술은 '인간 중심 디자인'이라고 할 수 있다. 이처럼 인간에 대한 이해가 필수적이라는 점에서 디자인 씽킹은 AI가 대체할 수 없는 인간만의 혁신적인 생각법이다.

디자인 씽킹의 두 번째 단계는 '정의Define'다. 문제 상황에 공감했다면 이제는 '이러이러한 문제로 인해 무엇이 필요하다'라고 정의를 내리는 단계로 넘어가야 한다. 즉, 공감을 바탕으로 포착해낸 문제를 해결하기 위해 어떤 방법이 필요한지를 표현하는 과정이다.

세 번째 단계는 '관념화 또는 아이디어화Ideate'다. 이 단계에서는 문제를 해결할 수 있는 다양한 아이디어의 제시가 이루어지는

데, 이때 중요한 것은 아이디어의 질보다 양이다. 간단히 말해 생각을 자유롭게 펼치는 과정이라고 할 수 있다. 따라서 이 단계에서는 완벽하게 아이디어를 발전시키려고 하기보다는 다소 성긴 아이디어라고 해도 그것에 괘념치 말고 가능한 한 다채로운 생각을 제시할 수 있어야 한다. 이 단계는 여러 명이 함께할 경우 더욱 시너지가 난다. 나의 생각과 타인의 생각을 조합하는 과정에서 더 좋은 아이디어가 만들어질 가능성이 커지기 때문이다.

네 번째 단계는 '프로토타입Prototype'이다. 이 단계는 이전 단계에서 나온 아이디어 중 구체적인 제품이나 서비스로 발전시켜봄 직한 아이디어들을 선택해 시제품으로 만들어보는 과정이다. 프로토타입을 만들 때는 가급적 비용을 최소화해 만들어본다. 가령, 물건을 만든다면 재활용품을 활용할 수 있을 것이고, 요리를 한다면 주변에서 구하기 쉽고 값싼 재료를 활용해 만드는 것이다.

마지막 단계는 '테스트Test'다. 단어 뜻 그대로 앞선 단계에서 만든 프로토타입을 사람들에게 제공하고 피드백을 받는 단계다. 이때의 피드백은 긍정적인 피드백, 부정적인 피드백 모두를 포함한다. 특히 부정적인 피드백은 제품이나 서비스에서 보완해야 할 부분을 고민하게 만든다는 점에서 긍정적인 피드백보다 한층 더 중요하다. 창의적인 사고를 하기 위해서는 '왜Why'의 단계를 꼭 거쳐야 한다. 테스트 단계에서 받게 되는 부정적인 피드백은 '왜 이런 피드백을 받게 된 거지?', '이제 무엇을 수정해야 하는 거지?'라는 생각으로 이어져 더 나은 답을 찾아 나서게 하는 원동력으로 작용한다. 이는 디자인 씽킹의 1단계로 다시 되돌아가 재도전을 하게 만든다. 이러한 과정을 반복적으로 거치다 보면 아쉬운 점이나 보완해야 할 점이 점차 줄어들게 되고, 궁극에는 세상에 내놓을 만한 멋진 제품이나 서비스가 완성되는 것이다.

●

'왜'에 대해 이야기할 줄 아는
능력을 키워주려면

나는 디자인 씽킹의 핵심이 '왜'에 대답하는 능력이라고 생각한다. 그리고 이러한 능력은 하루아침에 갑자기 길러지지 않는다. 그렇다면 이러한 능력을 우리 아이에게 어떻게 길러줄 수 있을까? 나는 부모와 아이가 가정에서 이러한 화두를 두고 일상적으로 대화를 나누는 것이 가장 좋은 방법이라고 생각한다. 교육이나 학습을 한다고 생각하고 각을 잡은 채 대화를 나누는 것이 아니라 식사를 하거나 일상생활을 하는 중에 자연스럽게 이야기를 나누는 것이다. 이때 대화의 주제는 '정답이 정해져 있지 않은 열린 주제'인 것이 좋다. 그래야 아이가 자신이 주장하는 바에 대해 '왜' 그런 답을 내리게 되었는지 근거를 생각할 수 있기 때문이다.

'트롤리 딜레마Trolley Dilemma'는 이런 대화를 나누기에 좋은 주제 중 하나다. 트롤리 딜레마는 윤리학 분야의 대표적인 사고실험 중 하나로 다섯 명의 사람(다수)을 구하기 위해 한 사람(소수)이 희생하는 것이 가능한 일인지를 묻는 질문이다.

여기 브레이크가 고장 난 트롤리 기차가 달리고 있다. 트롤리 기차가 달리는 레일 위에서는 다섯 명의 인부가 일하는 중이다. 트롤리가 알아서 멈추지 않는 이상, 이 사람들은 반드시 죽게 된다. 방법이 하나 있다면 레일 변환기를 당겨 트롤리의 진행 방향을 바꾸는 것뿐이다. 문제는 다른 레일에도 한 명의 인부가 있다는 사실이다. 이런 상황이라면 당신은 레일 변환기를 조작해 트롤리의 진행 방향을 바꿀 것인가? 아니면 그대로 둘 것인가?

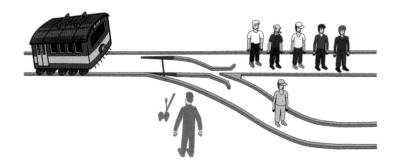

이 문제는 굉장히 대답하기 어려운 문제다. 또한, 얼핏 보면 우리의 일상과 동떨어진, 즉 현실성이 없는 문제처럼 여겨질 수도 있다. 하지만 이제 AI는 인간이 그동안 축적한 데이터를 바탕으로 학습해 인간이 내리는 결정에 큰 역할을 하거나 스스로 인간을 대신해 결정을 내리는 단계에까지 이르렀다. 자율주행 자동차는 이런 경우를 대표하는 사례다. 사람의 목숨이 달린 중요한 결정을 기계가 선택하는 시대가 된 것이다. 가령, 사고가 나기 직전에 운전자와 보행자, 다른 차의 승객 중 누구를 살리는 것이 가장 최선인지를 AI 알고리즘이 결정해야 하는 것이다. 이럴 때 '트롤리 딜레마' 같은 윤리적 사고실험에서 인간이 내리는 답은 AI가 학습해야 하는 데이터의 바탕으로 작용할 수 있다. 중요한 것은 AI 알고리즘이 '윤리적 결정'을 할 수 있도록 데이터를 제공하는 주체가 결국 인간이라는 점이다. 즉, AI를 활용하는 인간이 '왜 그런 선택을 해야 하는지'에 대해 윤리적 감수성을 가지고 올바른 판단을 할 수 있어야 한다.

다음은 아이와 함께 가정에서 윤리적 감수성을 키우기 위해 논의해봄직한 주제들이다.

• 개인 정보 vs. 공공 안전

디지털 기술 시대에 개인의 프라이버시를 유지하는 것과 공공의 안전을 확보하는 것 사이의 균형은 어떻게 이루어져야 할까?
예를 들어, 범죄 예방을 위해 정부 기관이 개인 데이터에 접근하
는 것은 허락되어야 할까?

· 인공지능 윤리

인공지능 기술이 발전함에 따라, 일상생활에도 AI가 깊숙이 침
투했다. 그렇다면 AI가 의료나 형사 정의와 같이 인간의 삶에 중
대한 영향을 미치는 결정을 내려도 될까?

· 기후 변화 책임

기후 변화에 대한 책임은 개인, 정부, 기업 중 누가 더 많이 져
야 할까? 또한, 기후 변화를 해결하기 위한 자원은 어떻게 할당되
어야 할까?

· 유전공학

유전자를 편집할 수 있는 기술을 사용할 때 윤리적으로 고려할
사항은 무엇일까? 디자이너 베이비, 질병 예방을 위한 유전자 편
집, 유전적 불평등의 가능성 등에 대해 논의해보자.

• 동물권과 실험

연구, 식품 및 의류 생산, 오락을 위해 동물을 사용하는 것은 타당할까? 인간이 다른 생명체에 대해 가지는 도덕적 의무는 무엇일까?

• 소셜 미디어와 사이버불링

소셜 미디어가 개인과 사회의 윤리에 미치는 영향에는 무엇이 있을까? 프라이버시 침해 우려, 잘못된 정보의 확산, 사이버불링의 윤리적 함의 등을 포함해 생각해보자.

• 자원 분배와 빈곤

자원(식품, 물, 의료 서비스 등)이 전 세계적으로 어떻게 분배되고 있는가? 자원 분배의 불평등과 빈곤의 원인은 무엇이며 이를 해결할 수 있는 방법에는 무엇이 있을까?

• 자율주행 차량

피할 수 없는 사고가 발생했을 때 자율주행 차량이 결정을 내려야 한다면, 어떤 결정을 내리는 것이 최선일까? 자율주행 차량의 윤리적 프로그래밍에 대해 논의해보자.

미래에 필요한 인재는 이처럼 답이 정해져 있지 않은 질문에 자기만의 근거를 들어 명확하고 설득력 있게 말할 줄 아는 사람이다. 디자인 씽킹은 이런 능력을 길러주는 가장 좋은 방법이다.

게임 시스템: 아이 내면에
강력한 동기부여를 해주는 도구

맨해튼에서 학원을 운영하던 시절, 자녀교육으로 고민에 빠진 한 한국 학부모님께서 나를 찾아온 적이 있다. 중학교 1학년인 아들이 공부는 안 하고 게임에만 푹 빠져 있어서 걱정이라며, 성적을 올리기 위해 과외를 시켜야겠다고 생각해서 찾아오신 것이었다. 이 학생이 성적도 제일 안 나오고 재미없어 하던 과목은 수학이었다. 미국 사회 내에는 동양인 학생이라면 무조건 수학을 잘한다고 생각하는 잘못된 편견이 있다. 이로 인한 부담감으로 인해 학생은 수학에 더욱 흥미가 떨어졌고, 실제로 성적도 잘 나오지 않는 상황이었다.

나는 이 학생이 못하는 것에 집중하기보다 잘하는 것에 집중해 문제 상황을 해결하는 것이 좋겠다는 판단이 들었다. 이윽고 이 학생과 부모님께 게임을 만드는 여름 캠프에 참여해보는 것이 어떻겠냐고 제안했다. 결과는 성공적이었다. 이 학생은 여름 캠프 내내 게임 제작에 몰두했고, 이후 다시 만났을 때는 게임 디자이너 혹은 게임 개발자가 되고 싶다고까지 이야기했다. 그러면서 내게 이런 질문을 던졌다. "선생님, 게임을 만들려면 수학을 어느 정도 잘해야겠죠?" 나는 이렇게 대답했다. "물론이지. 게임 디자이너나 게임 개발자가 되려면 3D 디자인을 적용할 줄 알고 게임 엔진을 이용할 줄 알아야 하니 아무래도 수학과 코딩 실력이 있어야 하지 않을까?" 나의 피드백에 고무된 학생은 이후 수학 공부에 매진했고, 계속해서 A학점을 받을 수 있게 됐다.

●

게임, 잘만 이용하면
놀라운 교육적 효과가 있다

여기서 핵심은 학생이 수학 공부를 잘하게 되어 좋은 성적을 거둔 것이 아니다. 학생이 자신이 진정으로 헌신하고 몰두하고 싶은 일(게임 제작)을 발견하고, 이를 더욱 잘하기 위한 수단으로써 수학 공부를 잘해야겠다는 깨달음을 얻고 꾸준히 노력한 과정이 포인트다. 한 가지 더 중요한 지점이 있다면, 이 학생은 그전까지 콘텐츠를 소비하는 사람이었지만, 이후 콘텐츠를 생산해내는 사람으로 변화했다는 것이다.

대다수의 어른들은 게임을 부정적으로만 보는 경향이 있다. 앞에서 언급한 학부모님의 경우에도 자녀의 수학 성적이 잘 나오지 않는다는 이유로 그저 아이가 게임에 빠졌다고만 판단하셨다. 물론 지나치게 중독될 경우에는 문제일 수 있다. 하지만 게임의 메커니즘을 잘 이용한다면, 어떤 콘텐츠보다도 아이에게 도전적인 태도와 긍정적인 사고 능력 등을 배양시켜줄 수 있다.

게임 속 세상에서는 연습과 도전이 자유롭다. 또한, 자신이 컨트롤하는 캐릭터가 어떤 이유에서 다음 단계로 넘어가지 못했거나 상대(적)에게 졌는지 곧바로 원인을 파악할 수 있다. 마인크래프트Minecraft처럼 자신이 원하는 세상을 직접 구상해 만들어볼 수 있는 게임의 경우에는 창의력도 발휘할 수 있다. 여기에 더해 게임에서는 주어진 퀘스트 등을 달성했을 경우 그에 대한 보상이 제대로 주어지는데, 이는 게임에 더욱 몰두하게 만드는 강력한 동기부여 장치로 기능한다. 이러한 게임의 특성은 아이들이 게임에 푹 빠져드는 이유이기도 하다. 그뿐인가. MMORPG Massively Multiplayer Online Role-Playing Game, 즉 대규모 다중 사용자 온라인 롤플레

잉 게임은 아이들이 게임에 몰두하는 동안 협력하는 능력, 의사소통 능력, 문제 해결력 등을 키울 수 있기도 하다.

내가 컬럼비아대학원에서 교육 공학으로 석·박사 과정을 밟으면서 주로 연구했던 주제도 바로 이런 것들이었다. 나는 어떻게 하면 게임을 통해 배우고 반복하는 소프트 스킬들을 학교를 비롯한 교육 환경에 적용할 수 있을지 오랜 기간 연구해왔다. 1부에서도 언급했던 '레고 프로젝트'는 그 결과 탄생한 새로운 방식의 교육 프로그램이었다. 레고 프로젝트의 핵심 아이디어는 '주위에서 흔히 구할 수 있는 재료를 가지고 게임(놀이)을 하는 가운데 미래 역량을 키운다'는 것이었다.

만 4~10세의 아이들을 대상으로 한 이 프로그램에서 아이들은 다른 친구들과 함께 레고로 자기만의 새로운 도시를 만들며 그들만의 관점과 생각으로 도시의 규칙을 설계해나갔다. 어떤 경우에는 유치원생과 초등학교 3학년 아이가 한 팀이 되기도 했는데, 이 협력 프로젝트에서 나이는 아무런 장애도 되지 않았다. 이와 같은 나의 교육적 시도에 많은 학부모들이 지지와 응원을 보내주신 덕분에 이후 이 프로그램은 맨해튼 지역의 한글학교와 공립초등학교의 방과 후 프로그램으로 확대되기도 했다. 2023년 여름에는 이 프로그램을 활용해 한국의 서울, 경기, 제주에서 세계시민 양성을 위한 국제 캠프를 운영해보기도 했는데, 이때도 좋은 피드백들이 잇달아서 큰 보람을 느꼈다.

●

가정에서도 도입이 가능한
게임 시스템

'레고 프로젝트'가 좋은 반응과 효과를 이끌어낸 이유는 여러 가지가 있겠지만, 나는 그중에서도 '재미'를 큰 요인으로 꼽는다. 일단 무엇이든 재미가 있으면 참여도가 높아지는 것은 시간문제다. 아이들이 몰두하는 게임들을 살펴보면 단순히 그래픽이 화려하다고 해서 아이들이 좋아하는 것은 아니다. 아이들의 연령이나 수준에 비해 플레이 방식이 단조롭고 쉬운 게임의 경우 아이들의 관심이 금방 시들해진다.

'몰입 이론Flow Theory'로 유명한 미국 심리학자 미하이 칙센트미하이에 따르면, 몰입(집중)을 하기 위해서는 자신의 실력보다 조금 더 난도가 높은 과제가 주어져야 한다. 이후 해당 과제를 수행하는 동안 실력이 올라갔다면, 다시 또 거기에 걸맞은 새로운 과제가 주어져야 한다. 잘 만들어진 게임들은 이러한 과정을 굉장히 잘 컨트롤하여 플레이어로 하여금 게임에서 빠져나오기 어렵게 한다.

우리 집의 경우 아이들을 둘러싼 환경이 '게임화' 되어 있다. 가령, 어떤 과제에 도전했을 때 이를 수행해내면 포인트를 받는 식이다. 이렇게 쌓은 포인트를 용돈이나 자신이 원하는 것을 얻을 수 있는 선택권으로 교환할 수 있다. 물론, 100% 포인트 시스템으로만 운영되는 것은 아니다. 게임에는 즐거움을 선사하는 '랜덤Random한 요소'들도 있는데, 나는 게임의 이러한 요소도 반영해 아이들에게 동기부여를 선사하기도 한다. 우리 집에서는 잠자리에 들기 전에 '랜덤 드로잉Random Drawing'이라고 해서 그날 일과 중 '존중하기, 이타적 행동 하기, 최선을 다하기, 책임감 있게 행동하기'를 모두 수행하면 포인트 칩을 뽑을 수 있는 룰을 시행 중이다. 포인트 칩 상자 안에는 5, 10, 25, 50, 100이라고 포인트가 적힌 종이 쪽지들이 들어 있는데, 아이들은 자신이 몇 포인트를 뽑게 될지 알 수 없다. 이 방식으로 아이들은 랜덤하게 자신의 포인트를 추가 적립할 수 있다. 이렇게 쌓은 포인트로 아이들은 주말에 스마트 기기 사용 시간을 얻을 수도 있고, 투자도 할 수 있다.

나는 지난 몇 년간 이와 같이 게임 시스템을 활용해 첫째 아들, 둘째 아들에게 경제 교육도 시키고, 올바른 태도를 길러주고 있다. 일상에 게임 시스템을 도입하자 아이들은 숙제, 집안일 등 때로는 하기 싫을 수 있는 일들도 적극적으로 참여한다. 재미도 있고 동기부여가 되니 숙제나 집안일이 하기 싫은 일이 아닌 일종의 게임 속 퀘스트이자 도전 과제로 여겨지는 것이다.

일상에서 게임 시스템을 적용할 때 한 가지 놓치면 안 되는 사실이 하나 있다. 내적 동기와 외적 동기 사이의 균형을 맞춰주는 세심함이 필요하다는 것이다. 만일 외적 동기부여에만 치중할 경우에 외적 동기를 불러일으키는 요인을 없애는 순간, 아이들은 더 이상 자신에게 제시되는 과제를 하지 않으려 할 수도 있다. 많은 연구가 내적 동기의 중요성을 강조하지만, 나는 내적 동기와 외적 동기가 균형을 이룬 상태가 더 중요하다고 생각한다. 아이에게 "정말 잘해냈어!"라고 긍정적 피드백을 해주며 외적 동기를 제공하는 것도 꼭 필요한 자극이기 때문이다. 물론 장기적인 관점에서는 외적 동기보다 자기 안에 피어오른 열망, 즉 내적 동기를 따르는 것이 더 발전적이다. 하지만 어떤 목적을 이루는 데는 이 둘이 적절히 균형과 조화를 이룬 상태가 도움이 된다고 여겨지므로 이 부분을 부모님들이 꼭 염두에 두시기를 바란다.

그릿: 체인지 메이커를 완성하는 마지막 퍼즐

'헬리콥터 패런팅Helicopter Parenting'이라는 말을 들어본 적이 있는가? 이는 마치 헬리콥터처럼 자녀 주변을 빙빙 맴돌면서 자녀를 과잉보호하는 양육 방식을 가리키는 말이다. 우리에게는 '헬리콥터 맘'이라는 말로 더 익숙할 텐데, 자녀 양육은 비단 엄마만의 일은 아니므로 나는 헬리콥터 패런팅 내지 헬리콥터 양육이 더 적절한 표현이 아닐까 싶다. 헬리콥터 양육을 하는 부모들은 자녀 삶의 모든 측면에 과도한 개입을 하며, 자녀의 성공에 너무 몰두하고, 자녀가 느낄 부정적인 감정이나 실패를 지나치게 걱정하거나 두려워하는 경향이 있다. 이는 자녀 앞에 놓이는 모든 장애물을 제거해주려는 행동으로도 이어진다.

그러나 지금까지 이루어진 수많은 연구에 따르면, 이와 같은 양육 방식이 오히려 더 많은 부작용을 불러일으킬 수 있다고 한다. 무엇보다 이런 부모 밑에서 성장한 아이들은 실패나 좌절에 대한 내구력이 무척 부족하다. 어린 아이들이 경험하는 '인생에서의 실패'란 대개 원하는 학점을 못 받았다거나 시험을 망쳤다거나 하는 정도가 대부분일 것이다. 물론 아이들 입장에서는 이런 불운한 상황이 대단한 어려움으로 느껴질 것이다. 자신이 지금 당장 직면한 어려움이기 때문이다. 하지만 성인이 되어 사회에 나가게 되면 이보다 더한 좌절과 고민, 어려움을 마주하게 된다. 즉, 어릴 때 이와 같은 작은 실패나 시련을 딛고 앞으로 나아가는 법을 배우지 못하면 이후 어른이 되어서 더욱 큰 실패나 장애물을 만났을 때 그것을 넘어서지 못하게 된다.

모든 부모는 자식이 잘되기를 바란다. 적어도 본인이 경험한 삶보다 비슷하거나 더 좋은 삶을 전해주고 싶어 한다. 헬리콥터 양육을 하는 부모들 역시 자신의 자식이 좌절 내구력이 없는 어른으로 성장하기를 바라지는 않을 것이다. 다만, 그 메커니즘을 잘 알지 못하고 그저 자신의 불안과 걱정을 아이에게 투사하다 보니 자기도 모르게 아이에게 부정적인 영향을 끼치게 되는 것이다. 잘되기를 바라는 마음이 잘못된 양육 방법을 만날 경우 그런 부모 밑에서 성장한 아이는 자율성, 선택 의지, 리더십, 끈기, 도전할 줄 아는 마음 그리고 매우 중요한 소프트 스킬인 '그릿^{Grit}'을 쌓을 기회를 놓치게 된다.

●

그릿이란 무엇인가

미국 펜실베이니아대학교의 심리학자인 앤절라 더크워스를 통해 널리 알려진 이 개념은 자녀를 키우는 모든 부모들이 꼭 알아야 한다고 생각될 만큼 아이들에게 무척 중요한 자질이다. 더크워스는 동명의 저서에서 그릿을 "장기적이고 의미 있는 목표를 위한 열정과 끈기"라고 정의했다. 쉽게 말해 그릿은 장애물을 직면하더라도 그에 굴하지 않고 끈질기게 자기 안의 열정을 계속 이어갈 수 있는 능력이다.

그릿에서 주목할 점은 이 능력이 재능과 지능, 환경을 뛰어넘어 성취와 성공의 원동력으로 작용한다는 사실이다. 즉, 타고나기를 똑똑하고 특별한 재능이 있으면 그것도 물론 좋은 일이지만, 우리가 진정으로 어떤 분야에서 의미 있는 성취를 이루고 성공하려면 무엇보다 인내할 줄 아는 능력이 필요하다. 이는 일종의 근성이라고도 할 수 있을 텐데, 근성이 없다면 재능은 그저 발현되지 않은 잠재력에 지나지 않는다. 동기와 노력이 있을 때라야 비로소 재능은 성공으로 가는 데 필요한 기술로 작용한다.

여기서 우리가 꼭 기억해야 할 부분이 있다. 그릿을 키우려면 실패의 단계를 반드시 경험해야 한다는 점이다. 우리는 실패에 직면했을 때 비로소 회복력을 발휘할 투지가 생긴다. 물론 아이에게 그릿을 길러주기 위해 일부러 실패를 경험하게 해야 한다는 말은 아니다. 아이가 인생을 살면서 시행착오를 경험하게 됐을 때, 이를 해결하고 극복하는 방법을 배울 수 있도록 이끌어줘야 한다는 것이다.

가령, 놀이터에서 우리 아이와 다른 아이 사이에 다툼이 일어났다고 치자. 이 상황은 실패라고 규정할 순 없지만, 아이에게는 문제 상황임이 분명하다. 아이가 이런 상황에 처했을 때 스스로 이 어려운 문제를 해결할 시간을 갖기도 전에 부모가 먼저 개입해 어른의 힘으로 중재를 하고 해결책을 제시하는 것은 삼가자는 것이다. 교육의 목적은 오로지 상급학교 진학, 직업적 성공에만 있지 않다. 앞으로 아이가 자신의 인생을 잘 꾸려나갈 수 있는 방법을 알려주는 것. 그 역시 교육의 중요한 목적이다. 아니, 어쩌면 그것이 가장 중요한 교육의 목적일지도 모르겠다.

이와 같은 관점에서 봤을 때, 선행 학습이나 족집게 과외 등도 본질적으로는 자녀가 학업에서 실패를 경험하지 않았으면 하는 마음에 부모가 자신이 가진 자원을 동원하여 아이에게 해결책을 대신 제시해주는 것이라고 할 수 있다. 단기적으로 봤을 때는 이를 통해 아이가 시험에서 좋은 점수를 받을 수도 있을 것이다. 하지만 미래 교육의 관점에서 이런 선행 학습이나 족집게 과외가 과연 얼마만큼의 가치가 있을까? 부모가 해결책을 마련해줬던 아이는 과연 성인이 되어 사회에 나왔을 때, 예측하지 못한 변화에 능동적으로 대처할 수 있을까? 미래의 변화는 절대 선행 학습으로 대응할 수 없다.

사람들은 자신이 한 일이 잘못되거나 결과가 안 좋으면 누군가가 그것을 두고 비난할까 봐 혹은 타인에게 피해를 입힐까 봐 두려워한다. 이런 두려움을 미리부터 염려하다 보면 새로운 것에 도전하기를 주저하는 사람이 된다. 부모가 할 일은 자녀가 실패의 두려움을 극복할 수 있는 마음의 힘을 길러주는 것이다. 가령, 아이에게 모험의 가치에 대해 가르쳐주고, 비록 아이의 도전이 실패하더라도 나무라지 않고 독려하는 가족 문화를 만들어나가야 한다.

●

실패의 미덕을 권장하는
글로벌 기업 구글

앞에서도 이야기한 적이 있지만 미국의 기업들은 실패를 바라
보는 관점이 무척 우호적인 편이다. 세계적인 기업이라고 해서
언제나 시장에서 성공만 하는 것은 아니다. 그들이 이룩한 눈부
신 성공 뒤에는 무수한 실패와 그 실패를 바탕으로 한 재도전의
역사가 숨어 있다. 그 대표적인 사례로 나는 구글의 구글 글래스
사업 이야기를 하고 싶다.

구글은 2012년 증강현실 디바이스인 구글 글래스 프로토타입
을 세상에 처음 선보였다. 이후 2014년에는 상용 판매 단계까지
이르렀다. 구글 글래스는 오른쪽 눈앞에 모니터와 카메라가 부착
되어 마치 스마트폰 화면처럼 핸즈 프리 형태로 정보를 보여주
며, 음성 명령을 통해 인터넷과 상호작용을 하는 일종의 '착용 컴
퓨터'로 개발된 제품이다. 구글 글래스는 2012년 〈타임〉지가 선
정한 '최고의 발명품'으로 꼽힐 만큼 그때까지의 신기술이 집약
된 제품이었다.

하지만 이처럼 기술적인 부분에서 찬사를 받은 구글 글래스는
상용 판매 이후 1년도 채 되지 않아 시장의 외면을 받는다. 결국

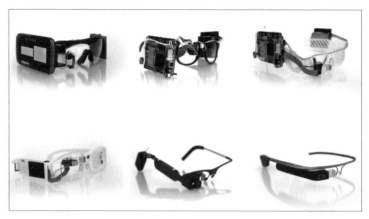

● 구글 글래스   ©Google

구글은 구글 글래스의 제작 중단을 공식 선언하고 재빨리 시장에서 철수했다. 그렇다면 구글 글래스는 왜 실패를 했을까? 위의 이미지를 보고 옆에 자녀가 있다면 아이와 함께 그 이유를 생각해보자.

구글 글래스가 실패한 원인에는 여러 가지가 있는데, 나는 크게 네 가지 이유가 있다고 본다. 첫째, 착용을 하고 일상생활을 하기에 너무 크고 무거우며 거추장스러웠다. 둘째, 이 제품을 꼭 사용해야만 하는 '이유'가 불투명했다. '영상 촬영이 가능하고 아주 작은 모니터가 달린 안경으로 우리는 무엇을 할 수 있을까?', '이 화면을 종일 내 눈앞에 대고 있어야 할 이유가 과연 있을까?' 이런 질문에 명확한 답을 주지 못하는 제품이었던 것이다. 셋째,

비싼 가격도 시장의 외면을 받는 이유로 한몫했을 것이다. 구글 글래스는 1,500달러(한화로 약 200만 원) 이상의 값비싼 가격에 판매됐다. 사용 목적이 불분명한 제품에 군이 비싼 가격을 지불한 용의가 있는 소비자는 없을 것이다. 넷째, 윤리적 문제가 있었다. 구글 글래스로 영상 촬영을 할 때 소리가 난다거나 플래시가 터진다거나 하지 않았기 때문에 불법촬영 문제를 불러일으키거나 사생활 침해의 소지가 있었다는 점이다. 또한, '본다'라는 행위는 굉장히 자발적이고 선택적인 행위인데, 구글 글래스는 특정 정보를 사용자 눈앞에 '보이게' 함으로써 굉장한 불편함을 초래했다. 당시는 증강현실 기술이 대중적으로 보편화되지 않았던 시기였는데, 구글은 사용 목적이 불확실한 프로토타입 상태에서 제품을 세상에 내놓았고, 소비자들이 납득할 만한 실용적인 사용법을 제시하지 못했던 것이다.

그렇다면 실패로 돌아간 구글 글래스 개발에 참여했던 직원들은 이후 어떻게 되었을까? 아마도 실적을 올리지 못했으니 임금이 삭감되었거나 해고가 되었거나 하는 등 불이익을 받았으리라고 예상될 것이다. 하지만 이후 구글 경영진이 보여준 행보는 놀라웠다. 성과를 내지 못한 구글 글래스 개발팀 직원들에게 오히려 보너스와 휴가를 주었던 것이다. 시장의 냉담한 반응을 받아들이지 못하고 비용과 시간을 더 투입하는 대신, 잠정적으로 제작 중단을 결정했다는 점에서 그들의 현명한 판단력을 높이 존중한 결과였다. 회사의 이런 처우에 직원들의 사기는 분명 올라갔을 것이 틀림없다. 아마 짐작건대 구글 글래스 개발팀 직원들은 이후 자신들이 경험한 실패를 분석해 어떤 부분을 개선해야 할지에 대해 치열하게 연구했으리라.

구글이 실패한 프로젝트를 반면교사로 삼고 후일을 도모하기 위한 일종의 기회로 삼았던 것은 구글 글래스의 경우만이 아니다. 구글은 실패한 프로젝트나 아이디어를 본사에서 대대적으로 전시하고, 직원들과 공유한다. 또한, 매년 기념식을 개최해 해당 프로젝트 담당자가 실패의 과정을 설명하고 때로는 일종의 예술 내지 유머로 승화하기도 한다.

창조성이 매우 중요한 기업에서 실패의 경험은 실로 중요한 역할을 한다. 실패를 딛고 발전된 전략일수록 더욱 빈틈이 없기 때문이다. 구글은 현재 구글 글래스의 실패를 철저히 분석한 후 인체 착용 컴퓨터를 대중화할 수 있는 시기를 지켜보면서 산업용 제품부터 다시 차근차근 개발해나가는 중이다. 이처럼 이미 전 세계적인 영향력을 갖고 있는 굴지의 대기업 구글도 그릿을 바탕으로 끊임없이 성장을 시도 중이다.

그릿을 키워주고 싶다면, 이 다섯 가지를 기억하라

다시 교육 이야기로 되돌아와서, 그렇다면 우리 아이에게 그릿을 키워주려면 구체적으로 어떻게 해야 할까? 다음은 그릿을 키워주기 위해 부모들이 꼭 기억해야 할 다섯 가지 사항이다.

1. 아이의 관심사를 관찰하라

특히 유년기(10세 이전)에 자녀의 관심 분야를 찾아주고, 여기에 최대한 몰입할 수 있는 환경을 만들어주자. 이때 아이가 "나는 나중에 ○○가 될 거야" 하는 식으로 장래 희망을 하나로 규정하도록 유도하기보다는 어떤 분야에 흥미를 느끼는지를 유심히 관찰하고 그것과 관련된 정보나 환경에 아이를 노출시켜주는 것이 중요하다. 실패든 성공이든 어떤 결과를 얻으려면 무언가에 도전을 해야 한다. 그리고 어떤 과제에 도전을 하기 위해서는 그것에 대한 열정과 관심이 선행되어야 한다. 세상에 대한 관심과 호기심은 학습의 동력이기도 하다. 따라서 그릿을 키워주려면 무엇보다 아이의 내면에 '하고 싶은 것', '알고 싶은 것'에 대한 열망이 싹터야 한다.

내 경우에는 첫째 아들이 어렸을 때부터 탱크와 무기 등에 대한 관심이 남다르다는 것을 관찰하고, 이후 '제 1, 2차 세계대전'과 같은, 인류의 역사에서 중요한 비중을 차지하고 있는 '전쟁'과 관련한 콘텐츠를 아이에게 보여주고자 애썼다. 그 결과, 현재 초등 5학년인 아들은 역사를 무척 좋아하게 됐다. 나는 지금도 책 이외에 다큐멘터리, 보드게임, 박물관 방문 등 다양한 방식으로 아이의 호기심을 자극하고 지적인 욕구를 채워주기 위해 노력 중이다.

2. 아이의 실패를 축하하자

우리가 경험할 수 있는 '인생 최대의 실패'가 무엇인지 아는가? 그것은 바로 실패가 두려워 아무것도 시작하지 못하는 것이다. 앞에서도 거듭 이야기했지만, 실패를 바라보는 관점을 달리할 때, 즉 우리가 실패를 안전지대에서 벗어나 새로운 과제에 도전함으로써 얻게 되는 자연스러운 결과물로 바라볼 때, 우리는 실패의 경험을 학습의 자양분으로 삼고 다시 앞으로 한 발을 내딛을 수 있다. 실패를 통해 우리는 우리가 수행했던 과제에서 한 발 뒤로 물러나 객관적으로 결과를 바라볼 수 있게 된다. '실패는 학습과 성장의 귀중한 기회다.' 이 말은 아무리 반복해도 부족함이 없다. 따라서 아이가 실패를 경험했다면 그것을 기꺼이 축하

해주자. 위로의 말도 물론 필요할 것이다. 하지만 더욱 중요한 것은 '이 실패를 통해 너는 더 나은 방향으로 도약하게 될 거야'라는 메시지를 전하는 것이다.

3. 아이에게 책임감을 키워주자

아이가 성장 과정에서 자신에게 부여된 과제를 수행해내기 위해 위험과 어려움을 감수하며 고군분투하는 것은 무척 필요한 일이다. 악기 연주나 스포츠 등에 필요한 기술을 익히느라 힘들어할 때 혹은 자신의 실력보다 조금 더 어려운 문제를 풀기 위해 애쓸 때, 부모의 내면에는 아이를 도와주고 싶은 마음이 생기기 마련이다. 하지만 진정 아이를 생각한다면 부모 내면의 이런 충동을 억제할 필요가 있다. 아이는 이 과정에서 기술이나 학습 지식을 얻을 뿐만 아니라 자신에게 주어진 일을 스스로 해내는 책임감을 배우게 된다. 만일 아이가 원하는 결과에 도달하지 못해 좌절하고 있다 해도 부모는 그 모습을 보며 슬퍼하거나 두려워해서는 안 된다. 이때 부모가 해야 할 역할은 책임과 최선을 다한 과정에 대한 격려다.

4. 아이에게 도전 정신을 심어주자

아이가 주어진 과제를 포기하지 않고 계속 해나갈 수 있도록 격려해주는 것도 부모의 몫이다. 이때의 핵심은 심정적인 격려와 지원을 해주되, 해당 과제의 수행을 부모가 직접적으로 도와줘서는 안 된다는 점이다.

5. 부모는 인내심을 가져야 한다

아이 내면에 그릇이 만들어지고 끝내 자기만의 성공을 거두는 것은 하루아침에 이루어지는 일이 아니다. 이를 위해서는 성취하고자 하는 명확한 목적을 염두에 두고, 목표 달성을 위해 포기하지 않으며, 끈기와 희망을 품고 도전하는 행동을 무수히 '반복'해야 한다. 이 과정에는 때로 오랜 시간이 소요되기도 한다. 아이의 기질이 서두름 없이 느긋하다면 더욱 그렇다. 아이가 자신의 꽃을 피울 때까지 조급해하지 말고 기다려주자. 부모의 속도보다 아이의 속도에 발걸음을 맞춰주자.

게임 속에서는 내가 조종하는 캐릭터가 죽게 되더라도 다시 도전할 수 있는 기회가 주어진다. 만일 계속해서 캐릭터가 죽는다면 게임 플레이어는 그 이유를 복기해보고 다음 단계로 무사히 넘어갈 수 있는 방법을 고민하고 재도전한다. 그런데 왜 교육과 우리의 삶에서는 그러지 못할까?

최근 미국의 몇몇 사립학교 중에는 평가 결과 학생이 시험을 잘 보지 못했을 경우 다른 방식으로 재시험을 보게 하는 학교들도 속속 생기는 중이다. 또한, 학생의 능력을 측정하는 방식도 단순히 지필평가가 아니라 프레젠테이션, 공연 등 보다 더 다각적인 방식을 도입하려고 노력 중이다. 이러한 방식은 아이와 함께 집에서 과제를 수행하면서도 적용해볼 수 있다.

가령, 아이에게 보드게임 만들기가 과제로 주어졌다고 치자. 아이 나름대로 열심히 보드게임을 만들었는데 막상 게임을 해보니 재미없는 게임이 완성됐다. 그렇다면 거기서 "뭐, 이 정도면 괜찮네. 이제 그만하자" 하고 넘어갈 것이 아니라 아이와 함께 무엇이 문제인지 생각해보고 다른 방식으로 다시 만들어보는 경험을 시켜주는 것이다. 부모 입장에서는 같은 과정을 반복해야 하니 귀찮을지도 모른다. 가뜩이나 집안일이나 회사 일로 바쁜데, 이렇게까지 해야 하나 싶기도 할 것이다. 하지만 잠깐의 귀찮음과 번거로움을 감수하고 아이의 재도전을 독려해주면 이는 훗날 커다란 열매가 되어 돌아올 것이다. 게다가 어린 자녀와 함께하는 시간은 다시 되돌릴 수 없다. 재도전 결과 또 재미없는 보드게임이 만들어졌다 하더라도 역시 우리의 답은 하나다. "이번엔 무엇이 잘 안 된 걸까?"라고 되묻고, 문제점을 파악하며, 아이에게 새로운 기회를 선사하는 것이다. 이처럼 무수한 시행착오를 겪는 일련의 과정들이 바로 '그릿' 그 자체다.

부모가 평생에 걸쳐 자녀가 겪는 모든 문제에 해결책을 제시해 줄 수는 없다. 시간이 흐르고 나면 아이 같던 자녀들은 성인이 되고, 부모들도 세상의 변화를 주도하는 세대에서 이내 노년 세대가 될 것이기 때문이다. 그리고 성인이 된 자녀들은 더 이상 우리들 품에 있지 않다. 이들은 지금과는 획기적으로 달라졌을 세상 밖으로 나아가 자기만의 삶을 살아나가야 한다. 아이들에게 그릿이 중요한 이유도 여기에 있다. 자기 안의 잠재력을 발현하고 자기만의 삶을 의미 있게 살아감과 동시에 세상에 기여할 수도 있는 인재가 되려면 무엇보다 열정적 끈기의 힘이자 마음의 근력인 그릿이 필요하다. 그릿은 체인지 메이커를 완성하는 마지막 퍼즐이다.

5장

집에서도 쉽게 할 수 있는
실전 AI 커리큘럼

인공지능과 함께할
우리 아이들의 미래

요즘 인공지능 신기술과 관련해 가장 주목을 받고 있는 것은 챗GPT와 같은 생성형 AI다. 생성형 AI는 말 그대로 자신이 학습한 기존의 데이터를 바탕으로 '새로운 콘텐츠를 생성해내는' 인공지능이다. 구글의 제미나이, 구글이 투자한 미국 스타트업 앤스로픽의 클로드Claude, 메타의 라마Llama, 네이버의 큐Cue 등도 챗GPT와 같은 생성형 AI에 속한다. 챗GPT는 생성형 AI의 서막을 연 대표 주자라고 할 수 있는데, 2022년 11월 초기 베타 서비스가 시작되었고, 2023년 5월 안정화된 베타 서비스가 시작된 이후 현재는 유료 버전인 챗GPT 4.0까지 출시된 상태다. 챗GPT는 세상에 그 모습을 드러낸 지 이제 막 1년이 조금 지났음에도 불구하고, 업그레이드 속도가 굉장하다. 이는 신기술이 업데이트되는 속도가 우리 생각보다 훨씬 더 빠르다는 의미다. 엔비디아^{NVIDIA}의 대표인 젠슨 황은 얼마 전 아랍에미리트 두바이에서 열린 세계정부정상회의 대담에서 "프로그래밍을 배워야 인공지능 시대에 살아남을 수 있다고들 하지만, 프로그래밍을 할 필요가 없도록 하는 것이 우리의 일입니다"라고 말한 바 있다. 생성형 AI의 발전 속도는 오늘날 무척 빨라서 젠슨 황의 말이 현실로 이루어지고 있는 중이다. 가령, 최근 코그니션^{Cognition}이라는 회사에서는 데빈^{Devin}이라 불리는 최초의 AI 소프트웨어 엔지니어를 공개했다. 이 AI 소프트웨어 엔지니어는 자신이 프로그래밍한 소프트웨어에서 버그가 발견됐을 경우 스스로 코드를 수정할 수 있을 만큼 그 능력이 뛰어나다.

생성형 AI를 장착한 로봇의 발전도 굉장하다. 2023년 연말, 테슬라에서는 옵티머스^{Optimus}라는 휴머노이드 로봇 2세대를 공개했는데, 섬세한 손동작을 비롯해 보행 속도도 기존 1세대보다 30%나 상승했다. 더욱 놀라운 것은 휴머노이드 로봇 개발 스타트업인 피규어 AI^{Figure AI}에서 만든 피규어 01^{Figure 01}다. 이 휴머노이드 로봇은 지금 무엇이 보이냐는 사람의 질문을 듣고 자신이 본 상황을 그대로 말하고, 먹을 것을 달라는 부탁에는 테이블에 있던 사과를 손으로 쥐어서 건네준다. 인간과 실시간으로 의사소통하면서 요청받은 일을 수행하는 로봇인 것이다.

생성형 AI가 미래 산업의 판도에 강력한 영향을 미치리라는 사실은 이제 모두가 다 아는 사실이다. 1장에서도 여러 차례 언급했지만, 생성형 AI는 교육 분야에서도 현재 뜨거운 이슈다. 얼마 전 수많은 교육 관계자에게 '생성형 AI 시대에 교육은 어떤 방향을 향해야 하는가?'라는 질문을 던지게 한 연구 결과가 있었다. 챗GPT-4에게 SAT, ACT[1], AP를 비롯해 미국 수학경시대회 문제, GRE(미국 대학원 수학 자격시험) 등을 치르게 한 결과, 챗GPT-4가 최상위 10%의 점수를 받은 것이다. 이와 같은 결과는 이제 기존의 시험 방식으로는 학생의 특출한 역량을 평가하는 데 한계가 생겼음을 의미한다.

미국식 수능인 SAT나 ACT는 한국의 수능과 달리 학년에 상관없이 거의 매달 시험을 볼 수 있다. 하지만 여러 차례 시험에 응시해 만점 가까운 점수를 받는다고 해도 그것이 상위권 대학 입학을 보장해주지 않는다. 한국에서는 수능에서 높은 점수를 받으면 상위권 대학에 입학할 수 있는 것과 대비된다. 한편, SAT나 ACT와는 달리 AP 시험은 1년에 딱 한 번(5월)만 응시할 수 있는 기회가 있다.

---

1 American College Test. 미국의 대학입학 자격시험 중 하나로, 영어(English), 수학(Math), 독해(Reading), 과학(Science Reasoning) 4개 영역의 시험을 치른다.

미국 보딩 스쿨에서 유학 중이거나 국제학교에 다니는 한국 학생들은 최대한 많은 과목을 선택해 AP 시험을 매년 치른다. 만일 재학 중인 학교에서 해당 AP 과목을 가르치지 않는다면 자습 또는 학원이나 과외를 통해서라도 AP 시험을 개인적으로 준비해 치르곤 한다. 이런 분위기를 알기에 많은 미국 보딩 스쿨이나 국제학교들도 학교에서 수업을 제공하는 AP 과목 숫자를 광고하듯이 알린다. 정해진 과목을 주입식으로 공부하고 시험을 치르는 데 익숙한 대다수의 동양인 학생들은 AP 과목을 많이 가르치는 학교를 주로 찾는다. 한국에서도 SAT, ACT, AP 대비반이 있는 학원에 등록하거나 이를 준비하기 위해 별도로 과외를 받을 경우 엄청난 금액의 교육비가 든다. 미국 대학 입학이라는 목표를 성취하기 위해 비용, 시간, 에너지 등을 최대치로 투입하는 상황인 것이다.

그렇게 많은 돈과 노력, 시간을 들여 시험을 열심히 준비하지만 현실은 점차 변화하는 중이다. 이런 시험들에서 높은 점수를 얻는다고 해도 이제 미국 대학 입학에서 그 중요성이 점차 떨어지는 현실은 이미 1부에서도 이야기했다. 게다가 몇 년 동안 엄청난 노력을 기울여야만 얻을 수 있는 점수를 챗GPT 같은 생성형 AI는 단번에 달성하는 시대가 됐다. 심지어 사람들을 놀라게 했던, 챗GPT가 받은 높은 성적조차 이제는 아주 빠른 속도로 먼

과거의 일이 되어가고 있다. 지금 이 순간에도 챗GPT는 급속도로 진화하는 중이기 때문이다.

현재 챗GPT-4의 경우, 빙^{Bing} 검색이나 데이터 분석, 달리^{DALL-E} 활용 등을 각각 사용자가 옵션으로 선택해서 명령해야 했던 기존 방식에서 급속도로 업데이트되어, 프롬프트 창에 명령어 한 번만 입력하면 챗GPT가 스스로 옵션을 선택해 이미지를 생성하고 데이터를 분석해 적절한 답을 제공하는 정도까지 발전했다. 인공지능은 지금 이 순간에도 사용이 더욱 편리해지고 효율적인 방향으로 진화 중이다. 기존의 교육 방식으로 공부를 해 사회로 나가게 된 아이들의 일자리를 AI가 충분히 대체할 수 있다는 주장은 이제 터무니없는 말이 아니다. 즉, 기성세대의 성공 방식을 따라 자녀들이 똑같은 길을 걸어간다면 이제는 실패할 가능성이 점점 높아진다고 생각해야 한다.

미래 사회는 인공지능과 함께한다. 이미 시대의 흐름은 돌이킬 수 없는 방향으로 흘러가는 중이다. 따라서 챗GPT 같은 툴과 어떤 식으로 대화를 해야 하는지, 그로부터 얻은 정보를 자신의 업무와 학업 등에 어떻게 적용하고 사용해야 하는지 알아야만 한다. 우리 일상에 한층 가까이 다가온 이 기술과 더불어 공존하고 활용할 줄 아는 능력을 키워주는 것, 그것이야말로 우리 아이들의 미래를 현명하게 밝혀주는 길이다.

챗GPT로
아이와 여행 계획 세우기

인도네시아 발리 섬에 위치한 국제학교인 그린 스쿨Green School
의 표어 중 내가 인상 깊게 기억하는 문장이 있다. "목적을 가지
고 번성하라Thrive with purpose." 목적이 있는 삶을 살아갈 때, 우리는
인생의 의미를 발견하고 매일의 삶을 더욱 성실하고 진실하게 살
게 된다. 이는 아이들도 마찬가지다. 삶의 목적을 발견했을 때, 아
이들은 꽃이 만개하듯 자기 안의 잠재력을 밖으로 끄집어내 활짝
펼친다. 누군가가 시켜서 무언가를 하는 것이 아니라 자발성을
갖고 자신이 헌신하고 몰두하고 싶은 목적을 찾았을 때, 비로소
자기 고유의 색깔을 펼치는 것이다.

나는 아이가 자신의 관심 분야를 발견하는 가장 좋은 방법은 여행이라고 생각한다. 1년 치 값비싼 학원비로 소비할 돈으로 '목적이 있는' 여행을 아이와 함께 계획하고 가보는 것이 긴 인생을 두고 봤을 때 훨씬 더 가치 있고 남는 배움이라고 여겨진다. 이때의 여행은 남들이 다 가는 유명 여행지에 가서 사진만 찍고 돌아오는 여행을 가리키는 것이 아니다. 아이의 관심사를 확장시켜주고 자극시켜줄 수 있는 환경을 찾아 그곳을 실제로 온몸으로 경험하고 올 수 있게 해주는 것. 아이가 갖고 있는 잠재력의 불꽃이 커다란 불이 되어 활활 타오르도록 기름과 연료를 더해주는 것. 그것이야말로 살아 있는 교육 그 자체라고 할 수 있으리라.

가령, 생태나 환경에 관심이 있는 아이라면 앞서 언급한 발리의 그린 스쿨이 좋은 선택지가 될 수 있다. 이 학교는 숲속에서 수업이 이루어지는데, 자연 속에서 농사도 짓고 과학 지식도 배우고 운동을 하는 등 살아 있는 커리큘럼을 지향한다. 나 역시 우리 자녀들에게 1년 정도 꼭 누리게 해주고 싶은 교육 환경이다. 꼭 그린 스쿨을 가지 않더라도, 이곳의 커리큘럼을 참조해 여행 및 현지 체류 계획을 세우는 것도 좋을 것이다.

아이와 함께 이와 같은 여행을 준비하는 기간은 1년에서 2년 정도로 간격을 두는 것을 권장한다. 그 기간 동안 목적한 여행지에 가기 위해 부모와 아이가 함께 해당 지역에 대해 다룬 많은 책들을 읽고, 구글 등과 같은 검색 엔진으로 정보도 적극적으로 찾아가면서 계획을 짜야만 교육적 효과가 보다 더 크기 때문이다. 여행 및 체험학습은 현지에 가기 전 계획을 하고 공부를 하는 시간부터 시작된다. 이제는 시험 점수가 아이의 미래를 결정하는 시대가 아니다. 오늘날 아이의 미래를 결정하는 것은 아이 내면에 차곡차곡 쌓인 남다르고 풍부한 '경험'이다. 늘 마주하던 환경이나 생활 방식에서 벗어나 새로운 자극들을 잔뜩 받아야 아이의 머릿속에 통찰력과 창의력이 쑥쑥 자라난다. '여행은 최고의 학교'라는 사실을 잊지 말자.

나는 '일상에서 인공지능 시대에 대비하는 교육을 하려면 어떻게 해야 하느냐'는 질문을 받을 때마다 아이와 체험학습이나 여행 계획을 짤 때 챗GPT를 활용하는 방식을 적극 추천한다. 아이가 챗GPT와 같은 인공지능과 친숙해질 수 있는 가장 좋은 방법은 아이가 자신의 관심사와 관련된 내용을 알고자 할 때 챗GPT를 활용해보는 것이기 때문이다.

챗GPT는 현재 유료 버전과 무료 버전이 있는데, 무료 버전(챗GPT-3.5)으로도 이 책에서 소개하는 활동들을 하는 데는 어려움이 없다. 그러나 유료 버전(챗GPT-4)의 경우, '다중 모달리티Multi-Modality'라고 해서 이미지를 포함한 다양한 형태의 데이터를 처리할 수 있는 능력이 향상됐다. 즉, 텍스트를 중심으로 하는 챗GPT

활용은 무료 버전으로도 충분히 가능하지만, 이미지를 생성하는 등의 작업은 유료 버전이 사용하기에 더 편리할 것이다. 참고로 유료 버전은 월 22달러(부가세 포함 가격, 한화로 약 29,000원)인데, 챗 GPT를 자녀의 교육이나 부모의 업무 등에 꾸준히 적극적으로 활용할 계획이라면 크게 부담되는 금액은 아니지 않을까 생각된다.

이야기가 나온 김에 챗GPT-4에서 구현된 다중 모달리티에 대해 더 부연 설명을 하자면, 이제는 챗GPT 프롬프트 창에 PDF 파일이나 엑셀 파일을 올려 그 내용을 분석, 요약해달라고도 할 수 있다. 또한, 음성으로 회화를 서로 주고받을 수 있다. 가령, 자신이 원하는 주제와 레벨에 맞춰 챗GPT와 영어로 회화 연습도 할 수 있는 것이다. 영감을 주는 이미지를 올린 뒤, 해당 이미지의 느낌을 반영한 음악을 작사, 작곡하거나 시나리오를 만들어보라고도 지시할 수도 있다. 챗GPT-4에서 다중 모달리티 기능이 구현된 것의 의미는 이러한 다양한 작업을 하나의 플랫폼에서 할 수 있도록 했다는 점이다. 오픈에이아이, 마이크로소프트, 구글은 이 분야의 선두 주자로 이미 나선 상태다.

이처럼 챗GPT를 활용해서 할 수 있는 교육은 무궁무진하지만, 여기서는 '아이와 한 달간 해외에서 살기' 계획을 챗GPT를 활용해 구성하는 방법을 예시로 들어 설명해보겠다. 방법은 어렵지 않다. 우선 다음 페이지의 QR 코드를 통해 챗GPT 홈페이지에 접속한다. 그다음, 기존에 사용하던 구글 아이디가 있다면 그것으로 로그인을 하고, 만일 구글 아이디가 따로 없다면 신규 회원 가입을 한 뒤 로그인을 한다.

· 챗GPT 홈페이지

로그인을 하고 나면, 화면의 아래쪽에 "Message ChatGPT……" 라고 적힌 빈칸이 나온다. 여기에 알고 싶은 내용을 입력하면 불과 몇 초도 안 되는 짧은 시간 안에 챗GPT가 답을 해준다. 여기서는 '아이와 한 달간 해외에서 살기' 계획을 구체적으로 짜는 것이 목적이므로 나는 다음과 같이 챗GPT에게 문의를 해봤다.

"나는 한국에 살고 있으며, 11살, 8살, 2살 된 아들이 있다. 아이들이 다른 문화와 언어를 배울 수 있도록 한 달 동안 해외여행을 가서 머물고 싶다. 가볼 만한 나라와 그렇게 추천한 이유를 알려주면 좋겠다."

다음의 이미지는 나의 질문에 대해 챗GPT가 답변한 내용을 캡처한 것이다. 챗GPT는 일본, 스페인, 캐나다, 뉴질랜드, 이탈리아,

이렇게 다섯 나라를 추천해주었다. 하지만 주로 여행 경비가 비싼 나라들 위주로 리스트를 가져왔음을 알 수 있다. 챗GPT를 활용해 좋은 답변을 얻고자 한다면 질문이 섬세할수록 좋다. 이번에는 한 달 동안 사용할 수 있는 예산을 한정해 조금 더 디테일한 질문을 다시 던져봤다. 현실적인 금액은 아니지만, 한 달에 약 1,000달러(한화로 약 130만 원)를 예산으로 잡고 다시 리스트를 업데이트해달라고 부탁했다.

"우리는 예산이 제한되어 있다. 최근 환율과 현지 물가 등을 검색해서 저렴한 생활비(월 1,000달러 이하)로도 머무를 수 있는 나라의 목록을 찾아서 업데이트해주기를 바란다. 한글로 답을 해주었으면 하고, 출처도 포함해달라."

질문을 조금 달리해서 물어보니 물가가 상대적으로 저렴한 국가들을 제시하면서, 이들 국가들의 한 달 생활비를 비롯해 이와 관련된 출처를 보여준다. 그다음으로는 챗GPT가 제시한 나라들

중 어떤 나라를 가보면 좋을지 아이와 함께 결정해볼 수 있을 것이다. 여행을 할 나라가 결정됐다면 그곳에 한 달 동안 머무르며 어디를 갈지, 어떤 경험을 하면 좋을지 챗GPT에게 물어볼 수 있다.

나는 이 결과물을 바탕으로 구글과 소셜 미디어 등을 통해 해당 국가들에 대해 간단히 조사를 할 수 있었고, 그 결과 챗GPT가 제시해준 국가들은 내가 원하는 방향의 여행이 쉽지 않을 것 같아 우리 부부가 한 번쯤 아이들 교육을 위해 가보고 싶었던 나라인 말레이시아를 키워드로 챗GPT에게 질문을 다시 던져보았다.

"가족들과 논의를 해보니 리스트에는 없지만 말레이시아 한 달 살기에 관심이 생겼다. 어린 아들 셋과 함께 말레이시아에서 한 달 동안 머무르며 할 수 있는 일정을 제안해달라."

이번에도 수 초 만에 한 달 동안 말레이시아의 어떤 지역들을 갈 수 있는지, 해당 지역들에서는 어떤 경험을 할 수 있는지 정리된 리스트가 업데이트됐다. 이 리스트에 그치지 않고, 주변 지인으로부터 추천받은 지역, 아이가 꼭 방문해보고 싶어 하는 장소 등을 반영해서 일정을 다시 구성해달라고 추가 질문을 할 수도 있다. 여기에 더해 아이의 성향이나 아이의 관심사에 따라 보다 더 디테일하게 챗GPT에게 질문을 던질 수도 있다. 나는 에너지

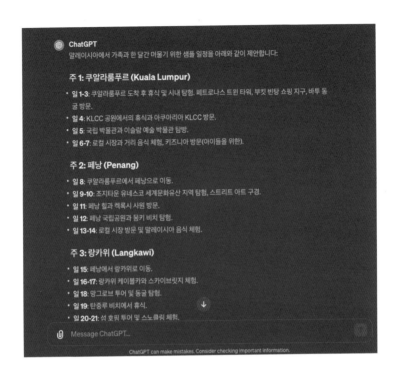

ChatGPT
말레이시아에서 가족과 한 달간 머물기 위한 샘플 일정을 아래와 같이 제안합니다:

주 1: 쿠알라룸푸르 (Kuala Lumpur)
- **일 1-3:** 쿠알라룸푸르 도착 후 휴식 및 시내 탐험. 페트로나스 트윈 타워, 부킷 빈탕 쇼핑 지구, 바투 동굴 방문.
- **일 4:** KLCC 공원에서의 휴식과 아쿠아리아 KLCC 방문.
- **일 5:** 국립 박물관과 이슬람 예술 박물관 탐방.
- **일 6-7:** 로컬 시장과 거리 음식 체험, 키즈니아 방문(아이들을 위한).

주 2: 페낭 (Penang)
- **일 8:** 쿠알라룸푸르에서 페낭으로 이동.
- **일 9-10:** 조지타운 유네스코 세계문화유산 지역 탐험, 스트리트 아트 구경.
- **일 11:** 페낭 힐과 켁록시 사원 방문.
- **일 12:** 페낭 국립공원과 몽키 비치 탐험.
- **일 13-14:** 로컬 시장 방문 및 말레이시아 음식 체험.

주 3: 랑카위 (Langkawi)
- **일 15:** 페낭에서 랑카위로 이동.
- **일 16-17:** 랑카위 케이블카와 스카이브릿지 체험.
- **일 18:** 망그로브 투어 및 동굴 탐험.
- **일 19:** 탄중루 비치에서 휴식.
- **일 20-21:** 섬 호핑 투어 및 스노클링 체험.

Message ChatGPT...

ChatGPT can make mistakes. Consider checking important information.

가 넘치고 야외 활동을 좋아하는 아이들을 위해 추천할 만한 곳이 있는지 다시 한번 챗GPT에게 물어보았다.

"지인이 조호바루를 추천했다. 우리 아이들은 매우 활동적이며 야외 활동을 좋아한다. 조호바루를 일정에 포함하면 좋을지 알려달라."

이 질문에 대해서 챗GPT는 일곱 가지 추천 리스트를 제시하

며, 활발하고 밖에서 뛰어놀기 좋아하는 아이들에게 조호바루가 잘 맞는 지역이라고 답해주었다. 이번에는 추천해준 지역에서 며칠 동안 머물지 정한 후, 비용 등을 포함한 보다 더 자세한 정보를 요청해봤다.

"조호바루에서 공원 및 정원 등을 중심으로 한 이틀 동안의 일정을 제안해주면 좋겠다."

그러자 이전보다 한결 더 자세한 정보가 제시되었음을 알 수 있다. 오전과 오후에 각각 어떤 활동을 하면 좋을지를 비롯해 입장료나 해당 장소의 운영 시간 등도 자세히 알려준다. 챗GPT는 제공된 정보들을 어디에서 가져온 것인지 출처 정보도 함께 제공하고 있기 때문에 제시된 링크들을 클릭해 더욱 깊이 있는 정보

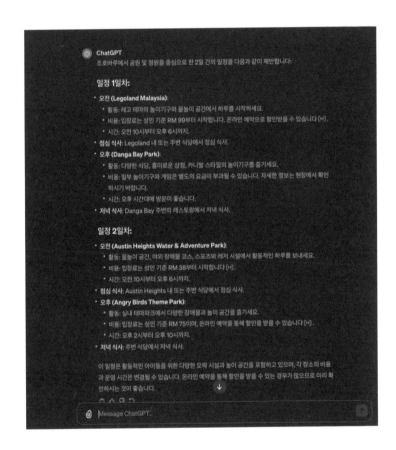

를 탐색할 수도 있다.

지금까지 우리는 여행 계획을 세울 때를 비롯해 어떤 정보를 검색하고자 할 때, 네이버나 구글 등 검색 사이트를 통해 정보를 얻는 것이 일반적이었다. 아직까지도 그렇게 검색하는 편이 더 익숙하고 수월할지도 모른다. 기존의 검색 방식으로도 충분히 정보를 얻을 수 있는데, 굳이 챗GPT를 사용해야 하는지 모르겠다고 묻는 분들도 종종 만난다. 원하는 정보를 얻기 위해 문장을 점차 세밀하게 다듬어가며 챗GPT에게 질문하는 과정이 번거롭게 여겨지기 때문이다.

이런 질문을 들을 때마다 나는 이렇게 대답한다. "그렇기 때문에 챗GPT를 사용해야 한다는 것입니다." 만족할 만한 수준의 답이 나올 때까지 질문을 수정해가며 챗GPT에게 묻는 과정을 경험하면서 아이는 어떤 식으로 질문을 던져야 챗GPT가 자신이 원하는 대답을 제공해주는지 터득하게 된다. 즉, 제대로 질문하는 법을 배우는 것이다. 지금까지는 던져지는 질문에 답을 잘하는 아이들이 성공하는 시대였다. 하지만 앞으로는 정답을 말할 줄 아는 능력보다 제대로 된 질문을 잘하는 아이가 주목받는 시대다. 올바른 답은 제대로 된 질문에서 시작된다. 특히 기존에 구축된 어마어마한 양의 데이터를 스스로 학습해 그것을 바탕으로 종합적인 추론을 해내는 생성형 AI의 시대에는 AI가 학습한 데이터에서 유의미한 정보를 추출하도록 유도하는 기술, 즉 의미 있는 질문을 던질 줄 아는 능력이 필수적이다.

　미래 교육의 트렌드는 하이브리드 교육이다. 온라인상에서 사용되는 다양한 툴들을 활용할 줄 아는 능력이 필요함과 동시에 몸으로 직접 체험하고 몰입하는 교육도 필요하다. 챗GPT로 여행 계획 세우기는 이와 같은 하이브리드 교육을 할 수 있는 가장 쉽고 탁월한 방법이다. 그러니 앞에서 설명한 내용들을 참조해 오늘부터 바로 아이와 부모가 원하는 답이 나올 때까지 아주 디테일하게 질문을 수정해가면서 챗GPT에게 물어보면서 여행 계획을 함께 짜보면 어떨까?

챗GPT로
우리 아이 첫 책 만들기

앞에서 챗GPT로 아이와 여행 계획을 세우는 법을 알려드렸다. 이번에는 챗GPT를 활용해 아이들의 상상력을 자극하고, 인문학적인 감성까지 길러줄 수 있는 방법을 알려드리고자 한다. 바로 챗GPT를 통해 우리 아이를 위한 책을 만들어보는 활동이다. 챗GPT는 데이터 분석은 물론이고 이미지 생성, 검색 등 온라인에서 할 수 있는 대부분의 활동을 한 공간에서 해결해주는 만능 재주꾼이다. 아이가 많이 어리다면 이와 같은 챗GPT의 이미지 및 텍스트 생성 기능을 적극 활용해 아이의 눈높이 맞춘 이야기책을 만들어 읽어주는 것으로도 충분하다. 만일 아이가 직접 해당 툴을 사용할 수 있을 만큼 고학년이라면 직접 챗GPT를 활용해 이야기를 구성하고 이미지를 생성해 자기만의 책을 만드는 활동으로 전환할 수도 있다.

① 이미지에 걸맞은 문장 생성 요청하기

챗GPT를 활용해 본격적으로 책 만들기를 하기 전, 워밍업으로 할 수 있는 활동을 먼저 알려드리겠다. 바로 마음에 드는 이미지를 챗GPT의 프롬프트 창에 업로드하고, 이에 대한 설명을 요청하는 것이다. 이렇게 만들어진 텍스트는 이후에 책을 만들 때 활용할 수도 있다. 이 활동을 하기 위해서는 무료 버전이 아닌 업그레이드된 유료 버전인 챗GPT-4를 활용할 것을 권한다. 챗GPT-4에서는 각종 데이터를 동시에 처리함으로써 하나의 창에서 이미지와 글을 동시에 생성할 수 있기 때문이다.

나는 챗GPT 프롬프트 창에 구글에서 검색한 빨간 용 이미지를 올리면서, 이 이미지에 대한 설명을 구체적으로 해달라고 요청했다. 그러자 수 초 만에 다음의 그림처럼 챗GPT가 이 이미지에 대해서 굉장히 자세한 묘사를 해주었다. 챗GPT가 생성해낸 영어 문장은 미국에서 오랫동안 거주했으며 현재도 살고 있는 내가 보았을 때 굉장히 수준 높고 섬세한 표현으로 가득했다. 아이에게 그림을 보여주고 "너는 이 그림을 어떻게 설명할 거야?"라

● 챗GPT에게 빨간 용 이미지를 주고 해당 이미지를 영문으로 묘사해달라고 요청하자 이와 같은 텍스트를 만들어줬다.

고 질문을 던진 다음, 아이가 묘사한 문장과 챗GPT가 만들어낸 문장의 차이점을 비교해보는 활동으로 확장해봐도 좋다. 이때 그림에 대한 설명 문장을 꼭 영어로 생성해달라고 할 필요는 없다. 다만, 여기에서 영어 문장으로 이미지를 설명하는 텍스트를 만들어달라고 한 이유는 챗GPT가 활용할 수 있는 데이터들이 주로 영어 기반 데이터이기 때문에 한국어 문장보다 영어 문장이 그 표현의 정확성과 풍부함 등에 있어서 더 나은 결과를 보여주기 때문이다.

② 내가 머릿속으로 상상한 이미지 생성 요청하기

이번에는 앞에서 했던 것과는 반대되는 활동으로 프롬프트 창에 챗GPT가 생성해주기를 원하는 이미지를 묘사해보자. 당장 묘사 문장을 만들기가 어려울 수도 있으니, 우선은 ①에서 얻은 스크립트를 복사해 프롬프트 창에 붙여 넣기 한 후, 스크립트 내용을 살짝만 바꿔서 이미지 생성을 요청해보자. 나는 붉은 용이 아닌 파란 용으로 스크립트 일부를 고쳤다.

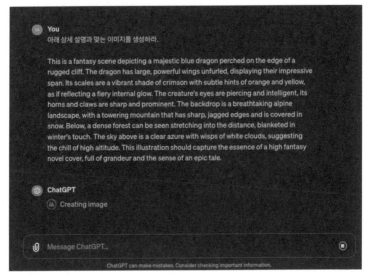

● 챗GPT가 만들어준 텍스트를 다시 주고 이미지 생성을 요청했다.

앞의 그림과 같이 챗GPT에게 요청을 하자 수 초 내에 다음과 같은 이미지를 생성해냈다. 이 예시에서도 알 수 있겠지만 챗GPT는 얼마만큼 섬세하게 이미지에 대해 묘사하는지에 따라 생성하고 제공하는 이미지들 사이의 편차가 굉장히 크다. 이러한 활동을 반복해서 하다 보면 내가 얻고자 하는 이미지를 최종 결과물로 얻기 위해 얼마나 자세하게 또 구체적으로 챗GPT에게 질문해야 하는지 익히게 된다.

● 챗GPT가 만들어준 새로운 이미지

③ 상상한 이미지가 담긴 동화책 직접 만들어보기

①과 ②를 통해 이미지에 걸맞은 텍스트를 생성하거나 반대로 텍스트에 걸맞은 이미지를 만드는 법을 충분히 익혔다면, 이제는 이 두 활동을 조합해 아이와 함께 혹은 아이를 위해 전자책을 직접 만들어보자.

나는 앞에서 예시로 든 이미지 중 아이가 조금 더 마음에 들어 했던 이미지인 파란 용 이미지를 선택한 후, 이 이미지를 활용해 아이의 연령에 맞춰 20쪽 정도의 글과 그림이 어우러진 재미있는 이야기를 만들어달라고 챗GPT에게 요청했다.

그러자 이번에도 수 초 만에 기승전결을 가진 이야기가 만들어졌다. 놀라운 점은 전체 이야기의 흐름이 20쪽이라는 제한된 페이지에 맞춰 적절하게 배분되고 구성됐다는 사실이다. 이처럼 아이와 어떤 스토리를 지닌 동화책을 만들 것인지 상의해보고, 챗GPT가 제시하는 결과물들을 아이가 생각하는 방향으로 점차 수정해나가면서 한 권의 책을 완성해보면 어떨까?

이때 부모가 처음부터 끝까지 아이를 위해 만들어줘도 좋지만, 그림이든 글이든 둘 중 하나의 생성과 수정 작업에 아이가 꼭 함께 참여하도록 유도하는 것이 교육적 효과가 더 크다고 여겨지기 때문에 이러한 방식으로 활용하는 것을 가장 추천한다.

챗GPT를 통해 얻은 스토리와 이미지를 책으로도 만들어 소장

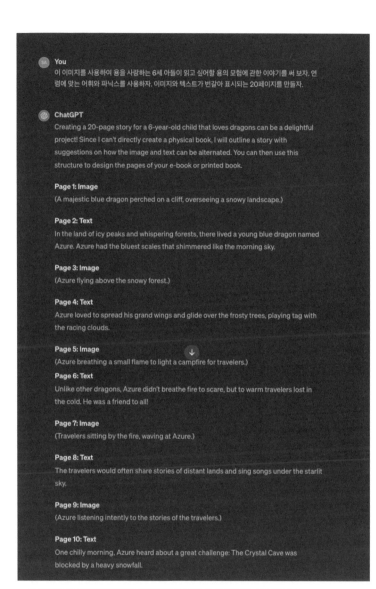

You

이 이미지를 사용하여 용을 사랑하는 6세 아들이 읽고 싶어할 용의 모험에 관한 이야기를 써 보자. 연령에 맞는 어휘와 파닉스를 사용하자. 이미지와 텍스트가 번갈아 표시되는 20페이지를 만들자.

ChatGPT

Creating a 20-page story for a 6-year-old child that loves dragons can be a delightful project! Since I can't directly create a physical book, I will outline a story with suggestions on how the image and text can be alternated. You can then use this structure to design the pages of your e-book or printed book.

Page 1: Image

(A majestic blue dragon perched on a cliff, overseeing a snowy landscape.)

Page 2: Text

In the land of icy peaks and whispering forests, there lived a young blue dragon named Azure. Azure had the bluest scales that shimmered like the morning sky.

Page 3: Image

(Azure flying above the snowy forest.)

Page 4: Text

Azure loved to spread his grand wings and glide over the frosty trees, playing tag with the racing clouds.

Page 5: Image

(Azure breathing a small flame to light a campfire for travelers.)

Page 6: Text

Unlike other dragons, Azure didn't breathe fire to scare, but to warm travelers lost in the cold. He was a friend to all!

Page 7: Image

(Travelers sitting by the fire, waving at Azure.)

Page 8: Text

The travelers would often share stories of distant lands and sing songs under the starlit sky.

Page 9: Image

(Azure listening intently to the stories of the travelers.)

Page 10: Text

One chilly morning, Azure heard about a great challenge: The Crystal Cave was blocked by a heavy snowfall.

● 챗GPT가 20쪽 분량에 맞춰 이야기와 그림을 구성해준 결과의 일부분

You
비슷한 배경에 6세 남자아이가 좋아할 귀여운 파란용의 모습에 맞게 이전 표지 이미지를 다시 그려라.

ChatGPT

Here is the reimagined cover image, featuring a cute blue dragon in a whimsical and child-friendly style.

Message ChatGPT...

ChatGPT can make mistakes. Consider checking important information.

● 챗GPT가 아이의 연령에 맞춰 보다 더 귀여운 방향으로 수정, 생성해준 파란 용 이미지

하고 싶다면 이 역시 어렵지 않다. 그래픽 디자인 플랫폼인 '미리캔버스'나 '캔바' 등의 프로그램에서 제공하는 다양한 템플릿을 이용하면 디자인을 전공하지 않은 사람이라고 해도 텍스트와 이미지들을 적절한 배열로 디자인하여 책처럼 만들 수 있다.

- 미리캔버스

- 캔바

이렇게 만든 결과물은 유료 인쇄 서비스를 이용해 실물 책으로 제작할 수도 있고, 또는 PDF 등의 형태로 파일을 한데 묶어 전자책으로도 만들 수 있다. 이렇게 책을 구성하고 만들 때도 홈페이지나 블로그를 꾸밀 때처럼 아이에게 다양한 요소들에 대해 질문하고, 아이가 각각의 요소들을 어떻게 선택해야 좋을지 탐색할 수 있도록 유도하는 것이 바람직하다. 가령, 서체는 어떤 것으로 하면 좋을지, 표지 이미지는 어떤 것으로 하면 좋을지 등을 하나하나 함께 고민하고 결정해보는 것이다. 앞에서도 이야기했지만 이러한 과정 자체가 아이에게는 새로운 경험이자 학습이다.

나는 이런 방식을 적용해 실제로 두 살인 막내아들을 위해 전자책을 만들어줬다. 막내는 여러 자동차들 중에서도 미국 특유의 커다란 쓰레기차를 정말 좋아하는데, 쓰레기차가 주인공인 책이 생각보다 도서관이나 서점에 많지 않았다. 그래서 나는 챗GPT를 활용해 "Gary the Garbage Truck"이라는 시리즈를 만들어 막내 아들에게 들려주었다. 아들이 무척 좋아했음은 물론이다. 그 이후로도 아이가 좋아하는 바다동물인 거북이와 물개가 주인공인 환경 동화 등을 제작하는 등 아들 삼형제 육아에 챗GPT로 만든 동화책을 열심히 활용하는 중이다

챗GPT를 활용한 책 만들기 활동은 넓은 관점에서 보면 인문학 수업이라고도 할 수 있다. 1부에서도 언급했지만 4차 산업혁명 시대에는 과학, 기술, 공학, 수학 등이 융합된 교육이 무척 중요하다. 하지만 STEM 교육으로 습득한 테크닉만으로는 미래 사회에 살아남을 수 있는 인재가 되기에 부족하다. 인간을 비롯해 인간을 둘러싼 환경에 대한 전반적인 이해와 감수성이 있을 때, 비로소 전인적인 능력을 갖춘 인재라고 할 수 있을 것이다.

특히 나는 '마음을 움직이는 이야기를 만들 수 있는 능력', 즉 '스토리텔링 능력'이 앞으로는 더욱 중요해질 것이라고 생각한다. 잘 만들어진 이야기는 사람들의 마음에 감동과 힘을 불어넣어줄 뿐만 아니라 선택과 결정에도 큰 영향을 미친다. 독일의 언론인 자미라 엘 우아실과 프리데만 카릭은 공저 《세상은 이야기로 만들어졌다》에서 강력한 이야기의 힘에 대해 이야기한 바 있다. 챗GPT가 몇 가지 단서만으로도 기승전결의 구조를 가진 이

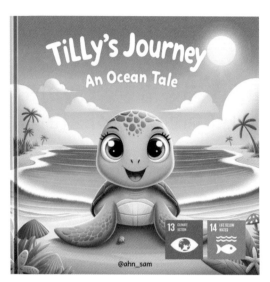

● 챗GPT로 만든 동화책

야기를 만들어내는 시대다. 하지만 그 이야기에 디테일과 감성 그리고 윤리성을 불어넣는 것은 결국 챗GPT를 활용하는 인간이다. AI를 활용해 아이와 함께 책을 만드는 과정을 통해 우리는 아이들에게 이야기를 만드는 주체는 결국 인간임을, 인공지능을 어떻게 해야 탁월하게 활용할 수 있는지를 알려줄 수 있다.

구글 활용법만 잘 알아도
아이의 미래 역량이 길러진다

인터넷 통계 서비스 업체인 인터넷 트렌드의 조사에 따르면 2024년 2월 말 기준, 한국의 검색 엔진 점유율은 네이버가 57.74%, 구글이 32.42%, 다음이 4.87%, 빙이 2.80%를 기록했다. 이 글을 읽고 계신 한국 독자 분들에게 '검색' 하면 가장 먼저 떠오르는 브랜드가 어디냐고 물으면 3명 중 2명은 '네이버'라고 이야기한다는 것이다.

하지만 최근 추세를 보면 네이버의 점유율을 구글이 조금씩 추격하는 형세다. 또한, 전 세계로 범위를 넓혀 조사하면, 전 세계인들이 검색을 위해 가장 많이 사용하는 사이트는 단연 구글이다.

특히 오늘날 지구상에서 공용어로서의 지위를 획득한 영어로 적힌 문서들, 가령 국제 학술논문이나 보고서, 프레젠테이션 자료 등을 찾으려면 구글 검색 엔진 사용이 불가피하다. 네이버 등의 검색 엔진들에서도 해당 자료들을 검색할 수 없는 것은 아니지만, 검색된 자료의 양적인 면이나 질적인 측면에서 구글이 구축한 데이터를 따라 잡을 수 있는 수준은 아니다. 즉, 아이를 미래의 글로벌 인재로 성장시키기 위해서는 구글 검색 엔진 활용법을 비롯해 구글과 연동된 각종 온라인 서비스들을 잘 활용할 줄 아는 능력을 키워주는 것이 필요하다.

구글 검색 엔진과 관련해서 우리가 꼭 기억해둬야 할 개념이 있다. 바로 'SEO^{Search Engine Optimization}(검색 엔진 최적화)'다. 이는 사용자의 검색 의도를 파악해 구글에 노출될 수 있을 만한 핵심 키워드를 찾아 그에 걸맞은 콘텐츠를 제작하는 방식을 가리킨다. SEO가 중요한 이유 중 하나는 논문처럼 학술적인 목적으로 검색할 때를 제외하고 대다수의 사람들은 구글 검색 엔진에 정보를 얻고자 하는 키워드를 넣어 결과 페이지가 뜨면 두 번째 페이지 이상까지 넘어가 살펴보는 경우가 거의 없기 때문이다. 대부분의 경우 첫 번째 검색 결과 페이지에 머물러 있으며, 그 안에서 원하는 정보를 찾는 경향이 있다. 따라서 블로그나 홈페이지 등을 운영하게 될 경우 해당 사이트로 구독자를 유입시키기 위해서는 첫 번째 페이지 안에 자신의 콘텐츠가 검색될 수 있도록 만드는 것이 중요하다.

구글 검색 엔진을 사용하고자 한다면 가장 먼저 해야 할 일은 아이에게 구글 계정을 만들어주는 것이다. 구글 계정을 만들고 구글 이메일을 사용하다 보면 구글 알고리즘에 의해 사용자가 무엇에 관심이 있는지, 어떤 사이트들에 주로 들어가는지 추적(트래킹)할 수 있는 데이터들이 쌓인다. 이는 아이의 관심사나 흥미를 파악할 수 있는 좋은 데이터다. 또한, 아이 전용 계정을 만들어 사용하게 하면 구글 검색 엔진 내에서 아이의 연령에 맞춰 유해한 검색어들은 사전에 필터링할 수도 있다.

구글 계정을 만들어줬다면 이제 특정한 키워드를 정해서 구글에 검색해보게 한다. 가령, 친환경 프로젝트를 해보고 싶어 하는 아이라면 그와 관련된 단어들(친환경, 에코 프렌들리, 생태 등)을 입력한 뒤, 첫 번째 페이지에 어떤 웹사이트들이 나오는지를 살펴보게 한다. 그다음, 어떠한 이유로 이들 페이지가 구글 검색 엔진 결과의 첫 번째 페이지에 올라왔는지 알아보도록 질문을 던지고 그에 관해 함께 이야기를 나눠본다.

구글 검색 엔진을
효과적으로 활용하는 방법

이쯤에서 구글 검색 엔진을 보다 효율적으로 활용할 수 있는 몇 가지 팁을 공유하고자 한다.

① 관심 있는 페이지에 들어가 마우스의 오른쪽 버튼을 클릭하면 페이지 소스를 확인할 수 있는데, 페이지 소스 창을 살펴보면 어떤 키워드가 주로 최적화되었는지 SEO 확인이 가능하다. 가령, 챗GPT 사이트에 들어가 마우스 오른쪽 버튼을 눌러 페이지 소스 보기를 클릭하면, 해당 페이지의 코딩이 어떻게 이루어졌는지 나온다. 여기에서 'meta name=keyword'와 'contents' 위주로 HTML 코드를 살펴보면 키워드와 설명이 적혀 있다. 챗GPT 사이트의 경우, 해당 부분에 'ai chat, ai, chap gpt, chat gbt, chat gpt 3, chat gpt login, chat gpt website, chatbot gpt, open ai' 등 사용자가 이 페이지에 접속하고자 할 때 구글 검색 창에 넣었음직한 키워드들이 굉장히 섬세하게 정리되어 있다. 이때 사용자가 잘못된 키워드(이 경우에는 'chap gpt', 'chat gbt')로 검색할 가능성도 염두에 두었다는 사실을 알 수 있다.

● 마우스 오른쪽 버튼을 클릭하면 해당 사이트의 페이지 소스를 확인할 수 있다.

보통 검색 결과 첫 번째 페이지에 뜨는 링크 중 스폰서 영역, 즉 광고비를 주고 상단에 노출된 부분의 아래에 나오는 사이트들은 SEO를 매우 잘한 사례라고 할 수 있다. 즉, 비용을 지불하지 않고도 상단에 노출이 되었기 때문이다. 따라서 아이와 함께 이런 사례들을 함께 잘 분석해볼 필요가 있다.

② 구글 검색 창에 '구글 트렌드Google Trends'라고 키워드를 넣으면 사람들이 현재 주로 무엇을 검색하는지, 어떤 키워드가 유행인지 국가나 지역에 따른 결과 등을 실시간으로 알아볼 수 있는 서비스 창이 안내된다. 구글 트렌드를 잘 활용하면 최근 사람들 사이에서 핫한 이슈나 흐름이 무엇인지 단번에 파악할 수 있다.

● 구글 트렌드 한국어 버전 화면

③ 특정 키워드를 검색할 때 그것과 관련된 유사한 사이트를 더 알고 싶다면 검색 창에 키워드를 입력할 때 그 앞에 'related:'를 붙여서 검색해보자. 가령, CNN 웹사이트와 유사한 다른 사이트를 알고자 한다면 'related: cnn.com'라고 검색하는 것이다. 이런 식으로 검색어 앞에 몇몇 영문을 추가로 붙여서 검색하면 더욱 디테일한 검색이 가능하다. 만일 아이가 친환경 에너지와 관련된 연구에 관심이 있는데 이런 연구를 하는 학교에는 어디가 있으며, 이곳들에서 어떤 연구를 하는지 궁금하다면, 'site:edu sustainable energy'라고 검색하는 식이다. 이러한 검색어 뒤에 '+/- (키워드명)'을 덧붙여 검색 결과를 보여줄 때 꼭 들어가야 하는 정보, 혹은 제외해야 하는 정보를 지정해줄 수도 있다.

●

디지털 리터러시 교육도
중요하다

이와 같은 팁들을 활용해 구글 등의 검색 엔진에서 아이디어를 조사하게 할 때 아이들에게 꼭 알려줘야 하는 점이 있다. 바로 첫 번째 페이지에 나오는 검색 결과라고 해서 그 정보를 맹신해서는 안 된다는 사실이다. 이것은 챗GPT를 사용할 때도 마찬가지다. 특히나 요즘은 가짜 뉴스^{Fake News}를 비롯해 AI를 악용해 만든 가짜 영상들이 상당하다. 따라서 아이들에게 자신이 찾은 정보를 무조건 신뢰하기보다는 자신이 접한 정보의 출처가 믿을 만한 것인지 파악하고 필터링하는 방법도 가르쳐줘야 한다. 최근에는 이러한 능력을 총체적으로 가리켜 '디지털 리터러시^{Digital Literacy}(디지털 문해력)'라고도 부른다.

가령, 어떤 뉴스를 접했을 때, 그 뉴스의 내용만 곧이곧대로 받아들일 것이 아니라 다른 사람들의 반응은 어떤지, 신뢰할 만한 매체들에서는 해당 뉴스를 어떻게 보도하고 있는지 등을 크로스체크하는 과정을 알려줘야 하는 것이다. 이미 신뢰성을 확보한 매체들은 어떠한 이유로 그와 같은 신뢰성을 쌓았는지 등도 함께 분석하고 이야기 나누는 것도 중요하다. 이런 과정 속에서 미래 사회에 꼭 필요한 역량 중 하나인 비판적 사고가 길러지기 때문이다.

구글 검색 엔진 활용법을 어느 정도 익혔다면, 웹상에서 자기만의 블로그를 운영하게 하거나 홈페이지를 함께 만들어보는 활동으로 확장할 수도 있다. 요즘 미국에서는 상위권 대학이나 기업들에서 지원자가 그동안 어떤 활동을 했는지, 어떠한 사람인지를 파악하기 위한 방법으로 구글을 통해 검색해보는 경우가 꽤 있다. 이를 역으로 활용한다면, 아이가 그동안 해온 다양한 활동들을 잘 정리해 온라인 공간에 갈무리를 잘해두면 입시나 향후 취업 등에 좋은 자료로 쓰일 수 있다는 의미다. 블로그나 홈페이지는 아이가 그간 해온 활동을 전시하는 탁월한 공간으로 기능하기도 하지만, 그것을 꾸미고 만드는 과정 자체가 아이에게는 특별하고 재미있는 학습이자 경험으로 남는다.

우리가 집을 인테리어 할 때를 생각해보자. 우선은 전체적인 콘셉트를 정할 것이다. 그다음, 정해진 콘셉트에 맞도록 벽지나 바닥의 컬러, 타일의 무늬, 패브릭들의 질감, 가구의 배치 등을 디테일하게 정해나갈 것이다. 블로그나 홈페이지는 인터넷상에 마련된 나만의 공간을 인테리어 하는 일과 유사하다. 어떤 정보를 제공하는 사이트로 구성할지에서부터 사이트의 전반적인 컬러나 섹션 구분은 어떻게 할지 등을 고려해 섬세하게 자신만의 감성을 살려 공간을 만들어나가야 그 공간을 찾는 사람들이 운영자의 개성과 매력을 한눈에 알아볼 수 있을 것이다.

이때 부모의 역할은 질문을 던지는 사람이다. "홈페이지의 메인 컬러를 어떤 색으로 하면 보기 좋을까?", "어떤 카테고리를 제일 위에 넣어야 할까?", "운영자 소개를 어떻게 하면 좋을까?" 등의 질문을 던지며, 아이가 이에 대한 자기만의 가장 탁월한 답을 찾을 수 있도록 촉진시키는 역할만 해도 충분하다. 검색과 판단, 적용은 아이 스스로의 몫이다.

이처럼 자신이 좋아하는 아이템을 찾아 그것을 디자인 씽킹 하고 만들어나가다 보면 창의력이 길러진다. 또한, 그 과정에서 원하는 답에 도달할 때까지 실패하고, 분석하는 과정을 거치다 보면 개인적 자질이, 결과물을 다른 사람에게 보여주다 보면 의사소통 능력과 시민 의식이 성장할 것이다. 만일 이런 활동을 홀로 하는 게 아니라 친구들과 함께 한다면 협동 능력까지 배양될 것이다. 아이가 자기 고유의 콘텐츠를 만들 수 있는 것은 물론이며, 만일 자신이 구축한 온라인 공간을 찾는 사람들이 많아진다면 자신감까지 길러질 것이다.

세상이 아무리 변할지라도
절대 실패하지 않는 교육법

지금까지 내가 본문에서 언급한 미래형 인재를 키우기 위한 교육법은 앞으로도 절대 불변할 교육법일까? 이 책의 저자이지만 나는 그렇게 자신할 수 없다. 물론 앞으로 얼마간은 유효한 교육법이라고 확신한다. 그러나 10년 후 또는 20년 후에도 이 책에서 제시한 교육법이 체인지 메이커를 키울 수 있는 해법일지는 장담하기 어렵다. 세상은 무서운 속도로 발달하는 중이고, 앞으로 또 어떤 혁신이 우리 앞에 펼쳐질지 예측할 수 없기 때문이다. 하지만 세상이 아무리 급격하게 변하더라도 절대 실패하지 않을 것이라고 장담할 수 있는 교육법이 세 가지가 있다.

첫째, 부모가 먼저 배움에 적극적인 태도를 보여주는 것이다. 여기서 말하는 배움은 아이가 시험에서 높은 점수를 받을 수 있도록 도울 수 있는 족집게 학습법이 무엇인지, 누가 입시에 도움이 되는 고급 정보를 갖고 있는지 탐색하는 종류의 배움이 아니다. 변화하는 세상의 흐름을 놓치지 않고 새로운 기술이나 정보를 받아들이려는 배움을 의미한다. 가령, 챗GPT를 비롯한 다양한 인공지능에 대해 공부하는 것, 요즘 사람들이 좋아하는 트렌드는 무엇인지 살피고 직접 경험해보는 것, 내가 잘 모르는 것은 아이에게라도 물어보는 것 등이 여기에 속할 것이다. 태어날 때부터 스마트폰과 컴퓨터가 있는 세상이 당연한 디지털 네이티브인 우리의 자녀들은 이러한 기계들을 다루는 데 무척 능숙하다. 반면, 디지털 이민자인 우리 부모 세대들은 세상의 변화에 적응하고자 하는 노력을 기울이지 않는다면, 급변하는 사회에서 소외감이나 자신감 하락 등을 경험할 수도 있다.

따라서 부모 세대들은 현재 자신이 알고 있는 지식에 안주하지 말고, 아이들이 살아갈 디지털 세상에 대해 끊임없이 공부해야 한다. 이는 자녀의 소프트 스킬을 길러주는 데 도움이 되기도 할 테지만, 무엇보다 부모 자신에게 새로운 기회를 가져다준다. 자녀 양육을 모두 마치고 독립시킨 중년 세대(특히 여성)들이 자주 겪는 증상 중에 '빈 둥지 증후군'이 있다. 단어 그대로 자식이 떠난 빈 둥지를 지키며 우울감과 슬픔, 상실감을 겪는 증상이다. 자녀 양육은 부모에게 주어진 책임인 동시에 커다란 보람을 느끼게 해주는 과업이다. 하지만 이 일은 평생에 걸쳐 이루어지지 않는다. 꼬박 20년의 시간이 걸리기는 하지만, 인생 전체를 두고 봤을 때, 우리가 자녀 양육을 위해 헌신하는 시간은 아주 잠깐이다. 게다가 이제는 '100세 시대'라는 말이 있을 정도로 인간의 수명이 비약적으로 늘어났다. 부모 역시 자녀의 독립 이후, 자신의 삶을 어떻게 일궈갈지 적극적으로 고민해야 하는 시대가 된 것이다.

부모가 일상에서 배움의 태도를 보여주는 것은 자녀에게 궁극적으로 좋은 영향을 미친다. 미국의 작가이자 심리 치료사인 로버트 풀검은 이렇게 이야기한 바 있다. "아이들이 당신의 말을 듣지 않는 것을 걱정하지 말고, 그 아이들이 당신을 보고 있음을 걱정하라." 아이들은 부모의 말이 아닌, 부모의 행동을 보고 배운다. 부모가 삶에서 늘 배우려는 자세를 보여주면 자녀들은 잔소리를 하지 않아도 그런 부모의 모습을 보며 배움의 가치를 자연스럽게 학습하게 될 것이다.

둘째, 질문을 잘하는 사람으로 키우는 것이다. 이 말은 곧 정답을 잘 맞히는 사람이 아니라 다른 시각을 던질 수 있는 사람으로 키워야 한다는 의미와도 일맥상통한다. 모든 창의적인 사고는 '왜'라는 질문에서 시작된다는 것을 기억하자. 한국의 교육 현장을 살펴보면서 나는 부모님을 비롯한 어른들이 아이들에게 바라는 바가 대학 입학 시기를 전후로 하여 급격하게 변화한다는 사실이 놀라웠다. 대다수의 부모님이나 선생님들은 자녀나 자신의 학생들이 고등학생 때까지는 정해진 틀 안에서 주어진 내용을 성실하고 열심히 공부하기를 바란다. 그러고서는 대학생이 되거나 성인이 되어 사회에 나가면 창의성을 발휘하는 인재로 활약하기를 바란다. 삶을 살아가는 방식이나 태도가 형성되는, 인생에서 가장 중요한 첫 20년 동안에는 시스템에 부합하는 모범생이기를 바라면서, 그 시기가 지나면 빤한 생각은 하지 않는 창의적인 사람으로 살아가길 바라는 것은 어불성설이다. 자신의 주관과 개성이 뚜렷한 사람이 되려면 어린 시절부터 모두가 당연하다고 생각하는 것에 '왜'라고 질문을 할 수 있는 환경이어야 한다. 본문에서도 살펴봤듯이 챗GPT 같은 생성형 인공지능도 인간이 어떻게 질문을 하느냐에 따라 답변의 질이 큰 차이가 나는 것을 보지 않았는가.

그런데 사실 질문 잘하는 사람으로 키워주려면 부모의 노력이 굉장히 뒤따라야 한다. 아이가 던지는 질문에 부모가 힘들고 귀찮다고 아무런 피드백도 하지 않거나, 피드백을 하더라도 건성으로 무성의하게 대답한다면 아이는 이내 부모와의 대화, 부모에게 질문을 던지는 일에 흥미를 잃게 될 것이다. 아이가 호기심 많고

도전적인 아이로 성장하려면 부모의 인내심과 적극적인 참여는 필수다. 물론 쉽지 않다는 것은 나 역시 세 아들을 키우고 있는 경험으로 충분히 이해한다. 하지만 아이가 두 눈을 반짝이며 놀라운 생각을 쏟아내는 시기는 안타깝게도 아주 짧다. 그 시기의 유한함을 마음 깊이 기억한다면, 아이의 잦은 물음이 더 이상 귀찮지 않을 것이다.

마지막으로 일상에서 경제 교육을 꼭 시키는 것이다. 교육의 여러 분야 중에서도 나는 경제 교육만큼은 각 가정에서 해야 한다고 생각한다. 모든 가족의 경제적인 상황과 가치관은 다를 것이기 때문에 학교와 같은 집단 교육 상황에서 경제 교육을 하는 것은 다소 어려움이 따르기 때문이다. 시대가 아무리 빠르게 격변한다고 해도 한 가지 큰 흐름은 바뀌지 않는다. 바로 돈의 흐름이다. 우리가 사는 세상이 자본주의적 세계인 이상, 이 사실은 변함이 없다. 모든 기술의 발전, 문화의 확산 등은 경제(돈)와 관련이 깊다. 민간 우주여행, 메타버스 프로젝트 등 오늘날 신기술이 집약된 각종 프로젝트를 수행하는 이들은 자본을 가진 기업가들이다.

또한, 비트코인과 같은 암호화폐에 대한 이해도 오늘날 경제 교육의 중요한 부분임을 수용하고 이해해야 한다. 사실 한국에서는 아직까지도 '코인'을 투기의 일종으로 보는 경향이 짙다. 하지만 비트코인의 경우에는 전체 발행량이 제한되어 있기 때문에 마치 금처럼 희소성을 가진 자산이라고도 할 수 있다. 비트코인을 '디지털 시대의 금'이라고 일컫는 이유다. 이러한 맥락을 이해하려면 중앙정부의 화폐 발행과 통화량, 그리고 그로 인한 돈의 가치의 관계를 알아야 한다. 더불어서 암호화폐가 어떠한 기술(블록체인 기술)을 바탕으로 가능한 것인지에 대해서도 알아야 한다. 비트코인의 현물 ETF 승인과 같은 최근의 사건들은 비트코인이 널리 수용될 미래를 예상하게 만든다. 그리고 이 과정은 현재 가속화하는 중이다. 따라서 암호화폐 및 이를 가능하게 하는 블록체인 기술 같은 혁신적 기술에 대해 가르쳐주는 것은 자녀의 재무문해력을 구축하는 데 도움이 될 뿐만 아니라, 더 넓은 관점에서 경제의 원리를 이해하고 미래의 금융 트렌드에 대한 인식을 높이는 데 중요하다.

최근에는 많은 부모들이 자녀가 어릴 때부터 자녀 이름으로 증권 계좌를 만들어 주식을 사주는 등의 방식으로 경제 교육을 한다고도 들었다. 하지만 개인적으로는 이와 같은 방식의 경제 교육은 단순히 '돈을 불리는 방법' 내지 '돈을 버는 방법'을 알려주는 한정적인 교육에 그친다고 여겨진다. 이보다는 시장에 나가 함께 물건을 사면서 물건 포장지에 적힌 생산지를 보며 수입과 수출에 대해 알아보는 등 보다 경제의 보편적인 원리를 깨달을 수 있는 경제 교육을 권하고 싶다. 만일 아이가 자신의 힘으로 돈을 벌었다면 아이가 관심을 갖고 있는 분야의 NGO나 사회단체 등에 기부하는 습관을 들일 수 있도록 유도하는 것도 좋을 것이다. 이러한 경제 교육은 나눔의 가치까지 배울 수 있다는 점에서 아주 유익하다.

마지막으로 자녀를 키우는 부모님들께 이 말을 꼭 전하고 싶다. 아이의 그릇을 채워주는 것은 부모가 할 일이 아니라는 점이다. 아이들은 자신의 그릇을 스스로 채울 수 있는 존재들이다. 아이의 그릇이 깨지지 않고 성장할 수 있는 안전한 환경을 만들어준 다음 부모가 할 수 있는 역할은 그저 아이의 성장을 믿음을 갖고 지켜보는 것뿐이다. 때로는 아이가 좌절하는 모습도, 실패하는 모습도 보게 될 것이다. 하지만 그 역시 성장의 과정임을 기억하자. 아이에게 자신의 그릇을 자신만의 색깔로 채워나갈 기회를 빼앗지 말자. 물론 아이의 실패를 그저 지켜보는 일은 부모에게 불안을 견뎌야 하는 큰 용기가 필요한 일이다. 하지만 미래의 우리 아이가 살아나갈 삶을 위해 부모가 먼저 내면의 용기를 갖도록 하자. 부모의 기다림만큼 아이에게 건네줄 수 있는 위대한 유산은 없다.

챗GPT 시대, 내 아이를 대체 불가한 미래형 인재로 키우는 특급 커리큘럼

공부만 잘하는 아이는 AI로 대체됩니다

초판 1쇄 발행 2024년 4월 8일
초판 3쇄 발행 2024년 6월 4일

지은이 안재현(Sam Ahn)
펴낸이 민혜영
펴낸곳 (주)카시오페아
주소 서울특별시 마포구 월드컵로 14길 56, 4-5층
전화 02-303-5580 | **팩스** 02-2179-8768
홈페이지 www.cassiopeiabook.com | **전자우편** editor@cassiopeiabook.com
출판등록 2012년 12월 27일 제2014-000277호

- 잘못된 책은 구입하신 곳에서 바꿔드립니다.
- 책값은 뒤표지에 있습니다.